基本から「なぜ？」まで
すっきり理解できる

古生物超入門

土屋 健 著
芝原暁彦 監修
土屋 香 イラスト

立夏堂

はじめに

「古生物」って、聞いたことはありますか？

古生物とは、太古の昔に、この地球にいた生き物のことです。現在では、「化石」を通してしかその存在を証明することができません。現在の地球では会うことができない。でも、化石という〝そこにいた証拠〟がある。創造の産物ではなく、かつて、たしかに、この地球にいた生き物。それが、古生物です。

この本では、そんな古生物の不思議や魅力を紹介します。

そして、その古生物を学び、研究し、解き明かしていく学問である「古生物学」にも触れていきます。古生物と古生物学を通して、証拠をもとに推理するという「楽しさ」を、知的好奇心や知的探究心の根底と行先にある「教養」を、みなさんにお伝えしたいと思います。

そもそも「古生物学」は、不思議な科学です。

たとえば、「アンモナイト」。

たとえば、「恐竜」。

これらの単語を聞けば、多くの人々が「ああ、あんな形ね」と、その姿を思い浮かべることができるでしょう。

いわゆる「恐竜映画」ならずとも、古生物はあちこちに登場します。物語において「恐竜のような」と形容されることはよくありますし、漫画やアニメのふとしたシーンに古生物が描かれることもあります。

多くの人々が「化石」という言葉を知っていますし、化石そのものを見たことがあるでしょう。「進化」という言葉も日常的に用いられます。いずれも「古生物学」に関係します。「化石」も「進化」も、〝学術的な用語〟であり、多くの人々の〝身近に存在する言葉〟でもあります。古生物はすでに滅んでいますが、まるで〝馴染みの友達〟のように、この社会の身近な存在といっても過言ではないと思います。その友達に迫る、さまざまな謎に挑むのが、古生物学です。

古生物学は、科学の一分野です。「科学」と聞くと難しそうに思うかもしれませんが、「知ることの楽しさ」がそこにはあります。

古生物学は証拠と理論によって、話が進んでいきます。化石を手がかりに、さまざまな手法を駆使して分析し、理論を構築して推理を展開し、太古の生き物に迫っていく。その過程で味わう知的興奮は、良質の探偵小説を読むドキドキ・ワクワクに匹敵します。

多くの科学と同じように古生物学も日進月歩《にっしんげっぽ》で進んでいます。新たな発見や新たな分析が、過去の研究成果を更新することも頻繁に行われています。一方で、発表から数十年が経過しても更新されず、かといって、学界のコンセンサスをとるに至っていない仮説もあります。新旧混合、玉と石も混ざる。それもまた、古生物学の側面です。

古生物学には「教養」の側面もあります。その知識の蓄積は、あなたの人生を豊かなものにしてくれるはずです。そして、古生物学に親しむことで、科学の基本的な教養も培《つちか》われるでしょう。それは、情報社会を生き抜くために欠かせぬ要素となるかもしれません。

古生物学を知ることで、あなたの知識は広がり、世界の見え方が変わるはずです。


「教養としての古生物学、みたいな本を書いてみませんか」

この本は、編集さんのそんなひと言から始まっています。

筆者は、大学院で修士課程まで古生物学を学び、その後は科学雑誌『Newton』の記者編集者として数百本の記事を編集・執筆したのちに部長代理を経て独立し、これまでに70冊を超える〝古生物本〟を上梓してきました。子ども向けの絵本から、大人も楽しむことのできるポピュラーサイエンス本まで。おそらく日本で最も多様な古生物本を上梓《じょうし》してきたライターであると自負しています。

そんな筆者が、地球科学可視化技術研究所の古生物学者である芝原暁彦さんの監修のもとに「教養として古生物学を楽しめる本」として書き上げた本がこの1冊です。

これまで古生物を知らなかった方は、この本で新しい世界への扉を開いてみませんか？

すでに古生物に興味を持っている方は、学問の〝基盤〟を見直すきっかけにしてみてください。

知的探究心を刺激し、知的好奇心を呼び起こす。

古生物学の世界へようこそ。

サイエンスライター　土屋 健

目次

第1章　はじめての古生物学

第2章　化石の謎

第3章　魅力的で魅惑的な古生物たち

第4章　生物の進化で地球がわかる

第5章　もっと古生物を楽しむために

◉本書で取り扱う時代について

「地質時代」とは？

地球の歴史は長い。そこで地質学者や古生物学者たちは、主として地層から産出する化石に注目し、特定の生物の出現と絶滅で時代を分けて「地質時代」とし、それぞれに名前をつけています。そして、そうした化石を含む地層の年代を測定し、「〇年前」と年代値を添えています。

注意が必要な点は、新たな化石の発見や測定機器の進歩によって、「〇年前」という数値は更新されるという点です。そこで一般的には、国際地質科学連合の国際層序委員会が発表するものに準拠します。

本書では、同委員会発表の「v2024/12」という〝バージョン〟の国際年代層序表を参考にしています。なお、近年の日本の学界では、この表で定められた「前期白亜紀」のような「〇〇紀の〇期」について「白亜紀の前期」にように表記するようにしていますが、まだ一般には馴染みの薄い表記法であるとして、一般書では従来の〝白亜紀前期〟を採用することが多いのが実情です。

＊ 本書の見方

本文の説明の下に、地質時代を記載している場合があります。どの時代のことを説明しているのかの参考としてご覧ください。

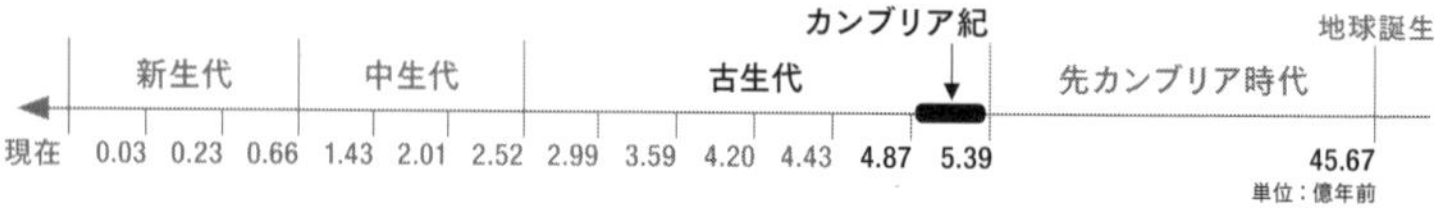

◉地質時代の一覧

累代	代	紀	世	年代（年前）
顕生代	新生代	第四紀	完新世	1万1700年
			更新世	258万年
		新第三紀	鮮新世	533万3000年
			中新世	2304万年
		古第三紀	漸新世	3390万年
			始新世	5600万年
			暁新世	6600万年
	中生代	白亜紀	後期	1億50万年
			前期	1億4310万年
		ジュラ紀	後期	1億6150万年
			中期	1億7470万年
			前期	2億140万年
		三畳紀	後期	2億3700万年
			中期	2億4670万年
			前期	2億5190万年
	古生代	ペルム紀	ローピンジアン	2億5951万年
			グアダルピアン	2億7440万年
			シスウラリアン	2億9890万年
		石炭紀	ペンシルバニアン亜紀	3億2340万年
			ミシシッピアン亜紀	3億5886万年
		デボン紀	後期	3億8231万年
			中期	3億9347万年
			前期	4億1962万年
		シルル紀	プリドリ	4億2270万年
			ラドロー	4億2670万年
			ウェンロック	4億3290万年
			ランドベリ	4億4300万年
		オルドビス紀	後期	4億5820万年
			中期	4億7130万年
			前期	4億8685万年
		カンブリア紀	フロンギアン	4億9700万年
			ミャオリンギアン	5億650万年
			シリーズ2	5億2100万年
			テレニュービアン	5億3880万年
原生代	新原生代	エディアカラン		6億3500万年
		クライオジェニアン		7億2000万年
		トニアン		10億年
	中原生代	ステニアン		12億年
		エクタシアン		14億年
		カリミアン		16億年
	古原生代	スタテリアン		18億年
		オロシリアン		20億5000万年
		リィアキアン		23億年
		シデリアン		25億年
太古代（始生代）	新太古代（新始生代）			28億年
	中太古代（中始生代）			32億年
	古太古代（古始生代）			36億年
	原太古代（原始生代）			40億3100万年
冥王代				45億6700万年

第1章

はじめての古生物学

古生物学って何？

——古生物学と考古学の違い

この本は、「古生物学」をテーマにしています。

ひと昔前に比べると、この言葉の知名度はかなり上がってきましたが、それでも古生物学は考古学としばしば混同されることがあります。化石の話をしていて「考古学ですね。私も大好きで、先日、○○遺跡を見てきました」と声をかけられる——古生物学に携わっている人々ならば、一度ならずとも経験したことがあるはずです。

もっとも、聞くところによれば、遺跡発掘をしている考古学関係者も、「恐竜の化石ですか？」と声をかけられることがあるようなので、お互いさまといえるのかもしれません。

古生物学のターゲット

古生物学は、生命の歴史を研究対象とする学問です。ただし、「生命の歴史」とはいっても、人類の文明史は含みません。生命の誕生から人類の文明が始まるまで、約40億年におよぶ長い期間が研究対象となります。

古生物学の主な研究対象は、「化石」です。化石とは、地質時代の生物（古生物）の遺骸《いがい》や、その生物がつくった痕跡《こんせき》のことです。

地質時代とは、歴史時代（人類の文字文明）が始まるまでの時代を指します。大まかに「1万年前以前」とされることもありますが、文字文明の開始には地域差がありますから、「わずか数百年前まで地質時代だった」とされる地域もあります。

なお、近年では「人新世《じんしんせい》」といった新たな時代名を設け、現在や未来を地質時代に組み込もうという動きもあります。この場合、当然、文字文明も地質時代に組み込まれることになります。このように地質時代の定義については、いささか混沌《こんとん》としているのです。

もっとも、数億、数千万、数百万といった単位で議論を展開する場合、わずか数千年の人類文明史は、気にしても、気にしなくても同じかもしれません。いずれにしろ、一般的な理解でいえば、地質時代はやはり「人類の文字文明が始まるまで」を指すと考えていれば、大きな間違いにはなりません。

ちなみに、考古学の研究対象は、人類の歴史。基本的に「文字で歴史が残されるようになった時代」がメインターゲットですが、文字らしい文字が発見されていなくても、遺跡が発見されていれば、研究対象となります。

古生物学と考古学の違いはほかにもあります。古生物学は、いわゆる「理系」に属し、大学でいえば「理学部の地学系」で講座が開講されています。大学によっては、工学部や理工学部、あるいは、教育学部の理科系などでも開講されていますが、いずれにしろ理系です。古生物が地質時代の生き物である以上、生物学や地質学などの伝統的な基礎科学との〝相性〟も良く、近年では化学的な分析も頻繁《ひんぱん》に行われるようになってきました。古生物学で古代文明を研究することは、原則としてありません。

一方の考古学は、いわゆる「文系」に属する学問です。多くの大学では「文学部の文学系」や「史学系」で講座が開講されています。考古学の講座では、恐竜などの化石を学ぶことはできません。

古生物学の用語

私たちはニュースなどで「恐竜の化石が出土《しゅつど》しました」という文章を目にすることがあります。

しかし、これは間違った使い方です。化石は出土しません。

そもそも「出土」とは、どのようなことを指すのでしょうか？　岩波書店が刊行する国語辞典である『広辞苑』によれば、「古代の遺物《いぶつ》などが土の中から出てくること」とあります。ここで注目したいのは、「遺物」という言葉です。

遺物とは、これまた辞書によって細部は異なるものの、「過去の人間活動のなごり」を指します。土器や石器などがその代表的例といえます。化石は、人間活動とは基本的に無縁の存在ですので、遺物ではありません。したがって、化石が見つかることを「出土」とは言いません。化石は石油などの資源と同じく「産出《さんしゅつ》」という表現を使用します。

つまり化石の場合は、「恐竜の化石が産出しました」という言い方が正解となります。そもそも、化石が産出する場所は「土」（土壌）ではなく、その下にある「地層」です。その意味でも、出「土」はしないのです。

また、化石と遺物を混同している例として、「古代生物」という言葉が使われることがあります。古生物学を指して「古代生物学」と書き、古生物学者を指して「古代生物学者」と書く。これらはいずれも誤りです。

そもそも「古代」とは、「中世」「近代」「現代」と同じ歴史用語、すなわち考古学で使用される用語です。

いくつかのメディアでは、「古代」というタグで古生物学と考古学をひとくくりにしていますが、それは乱暴なまとめ方といえるでしょう。中華料理を出すお店に入ったはずなのに、和食やフランス料理が出てくるようなものです。

まぎらわしいのは、化石として発見されるサメを「古代ザメ」、化石として発見されるゾウを「古代ゾウ」と表記することがあるという点です。これはもはや慣習といえるもので、現状では、「仕方ない」としか言いようがありません。

こうした例外をのぞき、「古代生物」という言葉は、基本的には空想世界《ファンタジー》だけのものと覚えていただくとよいと思います。

フタバスズキリュウとフタバサウルスの違い

——和名と種名の話

日本を代表する古生物はたくさんいますが、そのなかでも映画『ドラえもん のび太の恐竜』に登場した「フタバスズキリュウ」は、抜群の知名度を誇っているといえるでしょう。『ドラえもん のび太の恐竜』は1980年に公開され、その後、2006年にはリメイク版も上映されました。作中のフタバスズキリュウの個体名は、「ピー助」。愛らしいその姿は、多くの人々を魅了したはずです。

さて、「フタバスズキリュウ」は、1968年に福島県に分布する双葉層群という地層から化石が発見されたクビナガリュウ類を指しています。発見した人物の名前が「鈴木」だったため、「フタバスズキリュウ」と呼ばれていました。ちなみに、クビナ

ガリュウ類は恐竜類とは別のグループの爬虫類です。恐竜類とは、ワニ類などよりも遠縁になります。

この「フタバスズキリュウ」という名前には、実は学術的な裏付けがありません。「双葉層群で鈴木さんが化石を発見したクビナガリュウ類をフタバスズキリュウと呼ぼう」と関係者が決めたものです。こうした名前は、日本だけで通用するものとして「和名」と呼ばれたり、もっと直接的に「愛称」や「通称」と呼ばれたりします。

和名も愛称も通称も、「種名《しゅめい》（学名）」とは異なります。

新たな種が発見されたときにつけられる「種名」

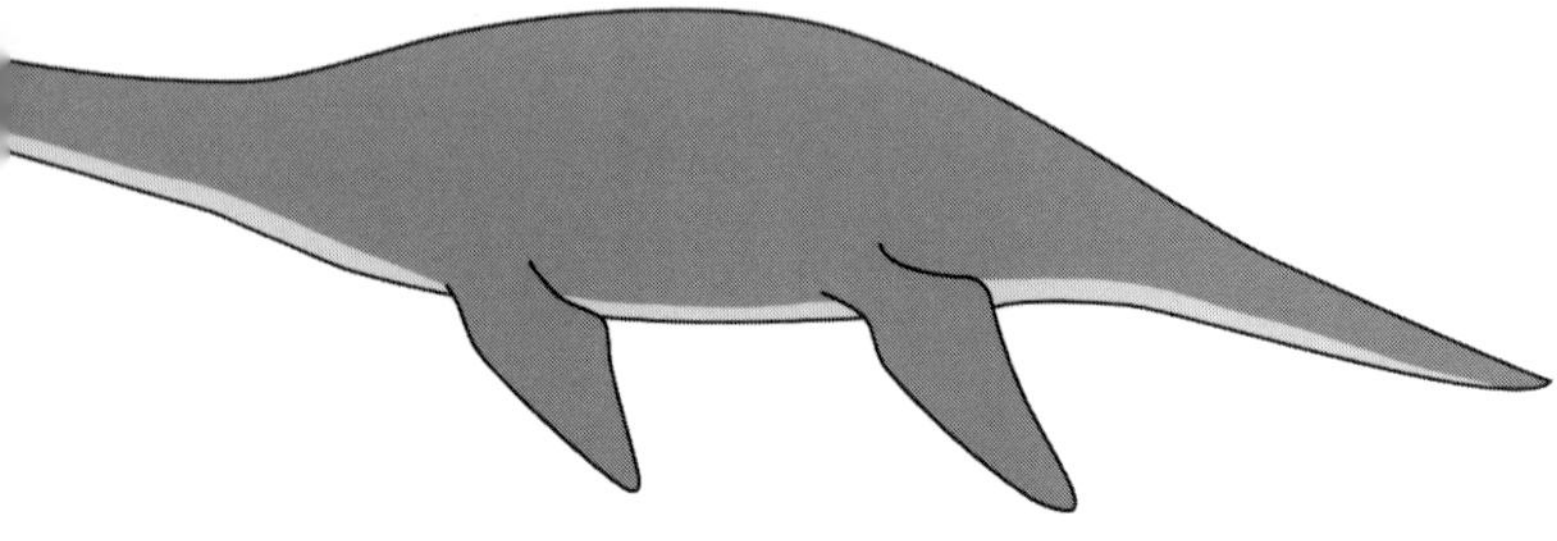

白亜紀後期に生息していたフタバサウルス

は、学術的な審査を経てはじめてつけられます。学術的な審査を受けるためには、学術論文を書かなければいけません。その論文を書くためには、詳細な調査・分析が必要です。そのため、種名がつくためには、多くの場合、長い年月がかかります。

正式な種名がつくまでの間、発見された化石を〝名無しの権兵衛《ごんべえ》〟にするわけにもいかず、また、学術的な標本につけられる「標本番号」で呼ぶのもなんだか味気ない。そのため、とくに希少性が高い化石には、和名がつけられることが多々あります。ほかに、日本産の古生物で有名な和名といえば、福井県で産出した「フクイリュウ」や北海道のむかわ町で産出した「ムカワリュウ」、近年に薩摩（鹿児島県）で宇都宮さんによって発見された「サツマウツノミヤリュウ」などもありました。

審査を経て、その化石が新種のものであるとわかったときには、学術的な種名が正式につけられます。フタバスズキリュウの場合は、2006年になって命名されました。それが「*Futabasaurus suzukii*」です。

種名（学名）は国際的に通用するように、アルファベットでラテン語を用い、斜体で表記するという決まりがあります。したがって、「*Futabasaurus suzukii*」がこのクビナガリュウ類の正式な表記です。

これを読みやすくカタカナで表記したものが「フタバサウルス・スズキイ」となります。カタカナ表記は、あくまでも日本語でわかりやすく書いたものであり、世界的には「*Futabasaurus suzukii*」が正式です。

種名はラテン語で書くことがルールです。「*Futabasaurus suzukii*」は、あくまでも日本で発見され、日本人が日本人に読みやすいように命名しているので、「フタバサウルス・スズキイ」とカタカナ変換できます。しかし、ラテン語で書かれた種名は、必ずしもカタカナ変換がしやすいものばかりではありません。

たとえば、「*Tyrannosaurus rex*」です。これをカタカナで書く場合、「ティラノサウルス・レックス」「ティランノサウルス・レックス」「チラノサウルス・レックス」「ティラノザウルス・レックス」などさまざまに表記することができます。どの表記も、ある意味では正しく、ある意味では誤っているといえます。そもそも、ラテン語の発音をカタカナで正確に表記することはとても難しいのです。

種名には、ほかにもルールがあります。ふたつの単語で書くこともそのひとつ。このうち、最初の単語を「属名《ぞくめい》」と呼び、その頭文字は大文字で、残りは小文字で綴《つづ》ることが決まっています。ふたつ目の単語は「種小名《しゅしょうめい》」と呼ばれ、こちらはすべて小文字で綴ります。ふたつ揃って「種名」です。

ひとつの属名にひとつの種小名というわけではありません。*Futabasaurus* 属には、*suzukii* のひとつしかありませんが、*Tyrannosaurus* 属には、有名な *rex* のほかに *mcraeensis* が報告されています。

こうした同属別種は、互いにとてもよく似ています。そのため、一般的にはとくに種小名まで表記せずに「*Tyrannosaurus*」あるいは「ティラノサウルス」とひとくくりにすることも多くあります。この本でも、とくに必要がある場合をのぞき、基本的

◉ 和名、種名、一般的な呼び方の違い

●和名（愛称、通称）

フタバスズキリュウ

●種名（学名）

Futabasaurus suzukii

属名 *Futabasaurus* ／ 種小名 *suzukii*

●日本語表記

フタバサウルス・スズキイ

●一般的な呼び方

フタバサウルス

●和名（愛称、通称）

なし

●種名（学名）

Tyrannossaurus rex

属名 *Tyrannossaurus* ／ 種小名 *rex*

rex 以外に *mcraeensis* などもありひとつとは限らない

●日本語表記

ティラノサウルス・レックス
ティランノサウルス・レックス
チラノサウルス・レックス
ティラノザウルス・レックス

●一般的な呼び方

ティラノサウルス

一般的には属名のみカタカナで表記

ちなみに、ティラノサウルスとフタバサウルスの本当の正式名は「*Tyrannosaurus rex*, Osborn, 1905」「*Futabasaurus suzukii* Sato, Hasegawa & Manabe, 2006」。人名は、記載者（命名者）、西暦は記載年（命名年）。研究者が自分の名前をつけないのは、そもそもこうして、自分の名前が並べられているからでもある。

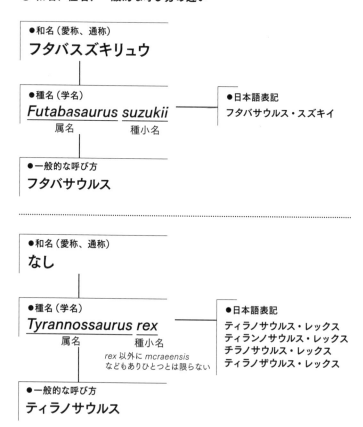

には属名をもって、その古生物の種類名として採用しています。

実際のところ、遺伝子情報まで調べることができる現生種とは異なり、古生物における種の確立はとても難儀《なんぎ》です。研究の進展によって、同属別種とされていたものは、実は同じ種の個体差とわかった、ということはよくある話です。その場合は、先に命名されていた種名に統一されることになります。その逆に、研究の進展によって同属とするには違いが大きすぎる、ということが明らかになることもよくあります。その場合は別属が新たに新設されることになります。

こうした種名の変遷は、学術論文や学術データベースで調べることができます。ただし、論文もデータベースも、ラテン語の学名で登録されています。カタカナ表記をどうするにせよ、和名が何であるにせよ、ラテン語のオリジナルの種名表記を併記することはとても大切なのです。

進化とは何か？

――進化を考える「基本のキ」

街中を歩けば、「進化した味！」という売り文句をよく見かけます。スポーツ番組を見ていれば、「進化したプレー」のような使い方がされることもあります。こうした場合、基本的には「進化＝進歩」で使われています。それはそれでよいのかもしれませんが、生物学の視点で見れば、「進化＝進歩」は誤りです。

進化は変化

そもそも、古生物学を含む生物学で使われる「進化」とは、「世代を超えて受け継がれる変化」を指す言葉です。

ポイントは、「変化」であるということ。つまり、必ずしも「ポジティブ」である必要はないということです。「ネガティブ」な変化であっても、それは「進化」なのです。そのため、生物学（古生物学）の常識を街中やスポーツ番組の例に当てはめると、「進化した味」は必ずしも「おいしくなった味」ではなくてもよく、「進化したプレー」は必ずしも「上手になった」とは限りません。

また、「世代を超えて」という点も大切です。あくまでも、親から子へ、孫へと世代を重ねるなかで確認される「変化」が、「進化」なのです。1個体のなかで確認できる変化は進化ではありません。1個体の生涯で姿が変われば、それは「変態」です（昆虫などで確認できるアレです）。また、1個体のなかで能力が向上したのであれば、それは「進歩」や「発展」です。いずれも、「進化」ではありません。

進歩を強調するという意図の「昨年よりも進化したプレーを見せる○○選手」のような使い方は、スポーツの世界では許容の範囲内かもしれませんが、生物学では誤りとなります。

進化はきっかけ

進化のトリガーの基本は、「遺伝子」です。遺伝子が変化することで、性質や形も変化することがあります。この変化が、進化のトリガーとなります。

遺伝子の変化は、個人が頑張ってどうにかなるものではありません。たとえば、運動が苦手な人が、練習を重ねることによって、上手になる。一生懸命勉強することで、学校の成績が上がる。こうした変化は、いずれも遺伝子には関係しません。したがって、「世代を超えた変化」とはならずに、進化にはつながりません。

また、人工的に遺伝子に手を加えない限り、遺伝子の変化には「方向性」がありませんし、「目的」もありません。たとえば、「大きくなるための進化」などは発生しないのです。

ランダムに発生する遺伝子の変化が、たまたま世代を超えて受け継がれ、偶然にもそれが性質や形の変化として表れる。これが「進化」になります。

キリンの首はなぜ長い？

よく用いられる「進化の例」として、「キリンの首」があります。キリンの首は、「長いこと」が特徴です。ただし、化石を調べると、原始的なキリン類は、首が短かったことがわかっています。

キリン類は、「高いところの食物を食べるために」首が長くなったわけではありません。

首が短い祖先のなかに、偶然、「首が少し長いキリン類」が誕生しました。もちろん、偶然、「首がもっと短いキリン類」もいたはずです。

こうした「さまざまな長さの首のキリン類」がいたなかで、「首が少し長いキリン類」が生き残り、子孫を残した。「少し長い首の遺伝子」が引き継がれ、これが繰り返されるうちに「長い首のキリン」に進化したと考えられています。

そもそも、化石ができるためには、たくさんの偶然と必然が必要です。つまり、生物が死んで化石となるためには、一定以上の「確率」が必要ということになります。

化石を調べることで、「キリン類の首が長くなっていく」ことがわかるということは、「キリン類の首が長くなっていく過程の種」が一定以上繁栄し、数が増え、その一部が化石となったということです。「首がもっと短いキリン類」もいたのでしょうが、おそらくは繁栄せず、個体数が少なく、確率的に化石として残りにくいのだと考えることができます。

　結果として、「キリン類は、首が長くなる進化」を経てきたように見えます。これは、あくまでも「結

キリンの進化。一番左からプロドレモテリウム（*Prodremotherium*）、サモテリウム（*Samotherium*）、キリン。プロドレモテリウムは古第三紀、サモテリウムは新第三紀のキリン類。進化のなかで少しずつ首が長くなってきているのがわかる

果」であり、「首が短くなる進化」があった可能性を否定するものではないのです。

進化は、変化。

そして、世代を重ねるもの。

進化には、方向性があるものではなく、結果として「方向性があるように見える」ものであるということ。

これは、進化に関する基本のキとなる考えといえます。

「○○万年前～○○万年前」は、「期間」じゃない

――地層の年代の話

ある古生物について、「約８３６０万年前～約７２１０万年前」という情報が添えられることがあります。

ここだけであれば、まるで約８３６０万年前から約７２１０万年前までの１１５０万年間を生きていたようにも見えます。

たとえば、私たちホモ・サピエンス（*Homo sapiens*）の歴史は、わずか31万年ほどですから、「約８３６０万年前～約７２１０万年前」という情報が添えられた古生物は、〝種としての寿命〟が、とても長いように見えます。

しかし、実際には、そうではありません。

ある古生物に「約8360万年前〜約7210万年前」という情報が添えられていた場合、「約8360万年前〜約7210万年前のどこか」に生きていたということを意味しており、必ずしも「約8360万年前〜約7210万年前のすべて」に生きていたことを意味するわけではありません。

そもそも、古生物・現生生物を問わず、すべての生き物のからだに「いつから、いつまで生きていた」という情報が直接書かれているわけではありません。そこで、その生物が生きていた時代を調べるために、さまざまな方法が使われます。

たとえば、植物の幹《みき》を見ると、リング状の構造が残されていることがあります。このリング状の構造は「年輪」と呼ばれます。1年を通じて、成長の早い時期と遅い時期があり、成長の遅い時期にはつくられる細胞が細かく密になり、密の部分が濃くなって、リング状の構造がつくられます。1年にひとつのリングがつくられるため、幹の断面を見れば、「今から何年前に生まれた」ということがわかります（死んだ時期はわかりません）。ただし、これは、あくまでも、その個体の生きていた時期についての情報です。

そこで、生物が生きていた時代を知るためには、生物に含まれる「放射性同位体《ほうしゃせいどういたい》」

が、ひとつの手がかりになります。「放射性同位体」そのものについて詳しく解説することは避けますが、一定期間で規則正しく減っていくもの、とざっくり認識していただければ、とりあえずは大丈夫でしょう。

炭素14という放射性同位体は、生物の死後、約5700年で半減するという性質があります。約5700年で半減するということは、約1万1400年で4分の1に、約1万7100年で8分の1になります。減った炭素14は、窒素14に変わります。そのため、炭

◉ 放射性同位体の半減期

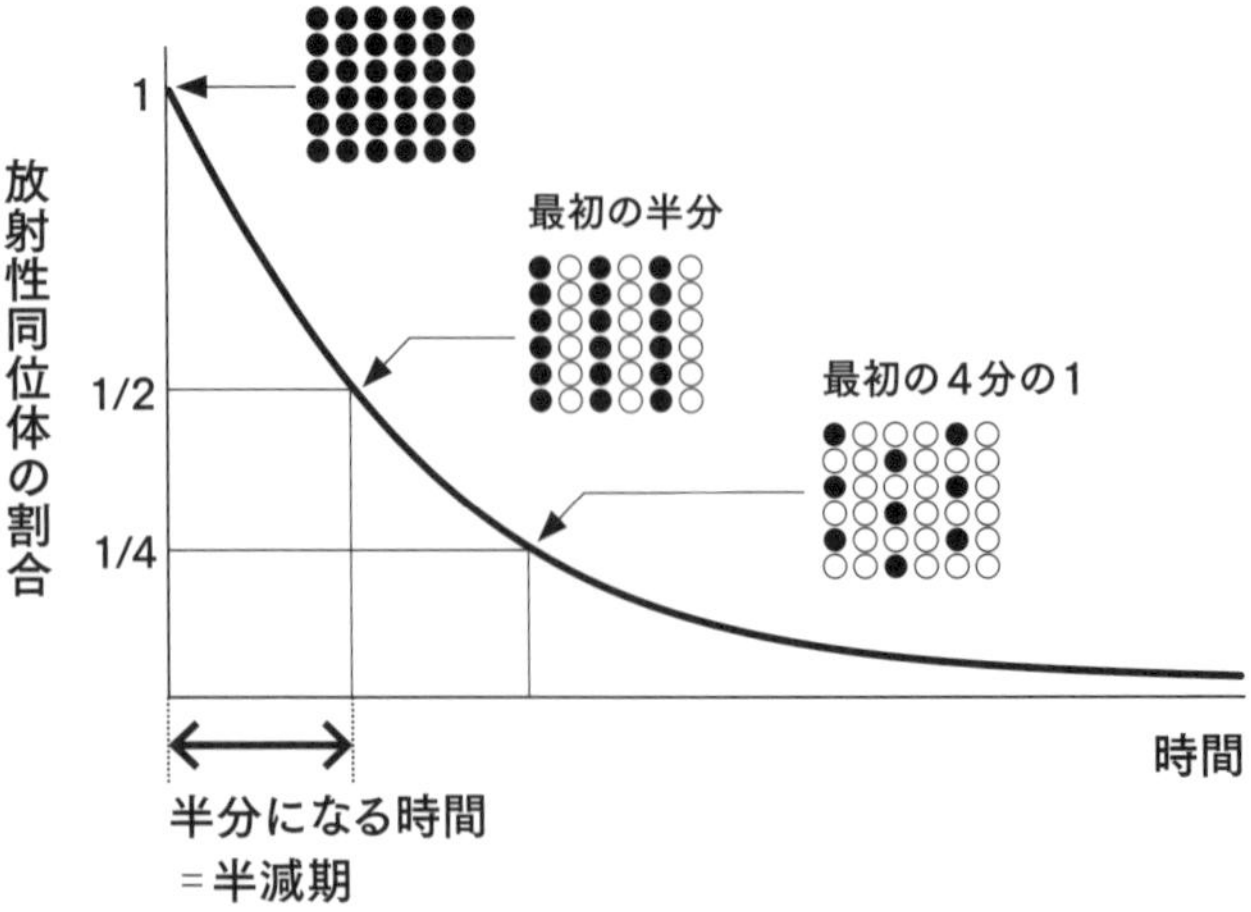

＊『中学生・高校生のための放射線副読本』（文部科学省、2018年）を参考に作図

素14と窒素14の比を調べれば、その生物が何年前に死んだのかがわかるのです。

こうした手法は、その個体が生きていた時期を知る上で役に立ちます。たとえば、Aという種があり、その種の化石がふたつしか発見されていない場合、ひとつが約1万年前に死んでいて、もうひとつが約1万1000年前に死んだということがわかれば、Aという種がいた期間は、約1万1000年前〜約1万年前ということがわかります。なお、このタイムスケールでする議論であれば、個体の寿命は誤差の範囲になります。

しかし、年輪も炭素14も、比較的新しい時代の化石にしか使うことはできません。炭素14はとても便利に見えるかもしれませんが、約5700年で半減するということは、100万年前、200万年前といった時間が経過すれば、ほとんど残っていないことになります。

そこで、注目されるのは、古生物そのものではなく、その古生物の化石が含まれていた地層です。

もちろん、地層にも「約8360万年前〜約7210万年前」などのような情報が書かれているわけではありません。

砂や泥など、さまざまな堆積物《たいせきぶつ》でできた地層があるなかで、こうした「いつ」を知ることに重宝するのは、火山灰の地層です。火山灰にも放射性同位体が含まれていて、しかもそうした同位体のなかには半減期が億単位のものもあります。

ある古生物Bの化石が含まれている地層があり、その地層自体には「いつ」の情報がなかったとします。しかし、その化石を含む地層の下に約8360万年前の火山灰層があり、その化石を含む地層の上に約7210万年前の火山灰層があれば、その古生物Bは、「約8360万年前〜約7210万年前のどこかに生きていた」ということになるわけです。

◉ 化石の古さを知るには

① 化石に近い、火山灰などの地層を探す

② 放射性同位体の量を調べる

この場合、８３５０万年前の一時期かもしれませんし、約８０００万年から約７５００万年前の５００万年間かもしれません。しかし、これ以上、厳密に生きていた時期を絞り込むことはとても難しいのです。

プロの研究者は、化石を見つけても「いきなり掘り出す」ということはしません。周囲の地層を調べ、火山灰層のように、「いつ」を絞り込むことができる手がかりがないかどうかを探します。

……といっても、都合よく火山灰で挟まれている地層ばかりではないので、離れた場所の別の地層とつなげていく技術も必要となるのですが……そのことについては、のちほど詳しく説明したいと思います。

なお、「８３５０万年前」などの「年代値」は、分析によって求められるため、分析機器と技術の進歩で頻繁《ひんぱん》に更新されています。

絶滅の原因は謎だらけ
——大量絶滅の理由

古生物は絶滅しています。

化石として残るほどに栄えていた生物が滅ぶのです。そこには、もちろん理由《わけ》があるのでしょう。

しかし、その理由がわかっている種は、ごくわずかです。

生命史上、最も有名な絶滅事件として、約６６００万年前に勃発《ぼっぱつ》した白亜紀末の大量絶滅事件を挙げることができます。恐竜類をはじめとして、多くの動物を絶滅に追い込んだこの事件には、20世紀末まで諸説が入り乱れていました。よく知られる「隕石衝突説」のほかに、「彗星衝突説」「超新星爆発説」「巨大分子雲説」「太陽の伴星がたくさんの彗星を弾き飛ばした説」「巨大火山の噴火説」「気候の変化説」「植物の毒説」「哺乳類に滅ぼされた説」「伝染病説」などがありました。

研究が進み、隕石衝突説が確実なものとなったのは、21世紀になってからです（この話については、143ページで詳しく解説します）。隕石衝突が絶滅のトリガーとなったことはほぼ確実ですが、では、なぜ、隕石衝突によってさまざまな動物群が滅んだのかといえば、これがよくわかっていないのです。

生命史には、白亜紀末の大量絶滅事件のほかにも、4つの大量絶滅事件がありました。白亜紀末の大量絶滅事件を含めて「ビッグ・ファイブ」と呼ばれています。そのなかで、多くの研究者が納得する仮説が発表されている事件は、白亜紀末の大量絶滅事件だけです。残る4つの事件のなかには、白亜紀末の大量絶滅事件よりも規模の大きな事件もありましたが、その理由はまだ謎に包まれています。

ビッグ・ファイブは、あくまでも「大量絶滅事件」を指す言葉なので、生命史を振り返れば、大小の絶滅事件は無数にありました。そんな大小の絶滅事件のなかから、ひとつの例を挙げましょう。

かつて、「ケナガマンモス」と呼ばれるゾウ類がいました。種名を「マムーサス・プリミゲニウス（*Mammuthus primigenius*）」というこのゾウ類は、ユーラシア大陸北部から北アメリカ大陸に至るまでのかなりの広範囲で栄えましたが、約1万年前に姿を消しています。

ここでポイントとなるのは、「約」1万年前という点です。言い換えれば、「およそ1万年前」。すなわち、広範囲な生息域をもつ彼らが、一斉《いっせい》に姿を消したわけで

◉ 地球で起きた大量絶滅

海棲脊椎動物の属レベルでの絶滅の規模をまとめたグラフ。5回の大量絶滅（ビッグ・ファイブ）以外にも大小の大量絶滅があったことがわかる。
Marsall（2023）を参考に作図。

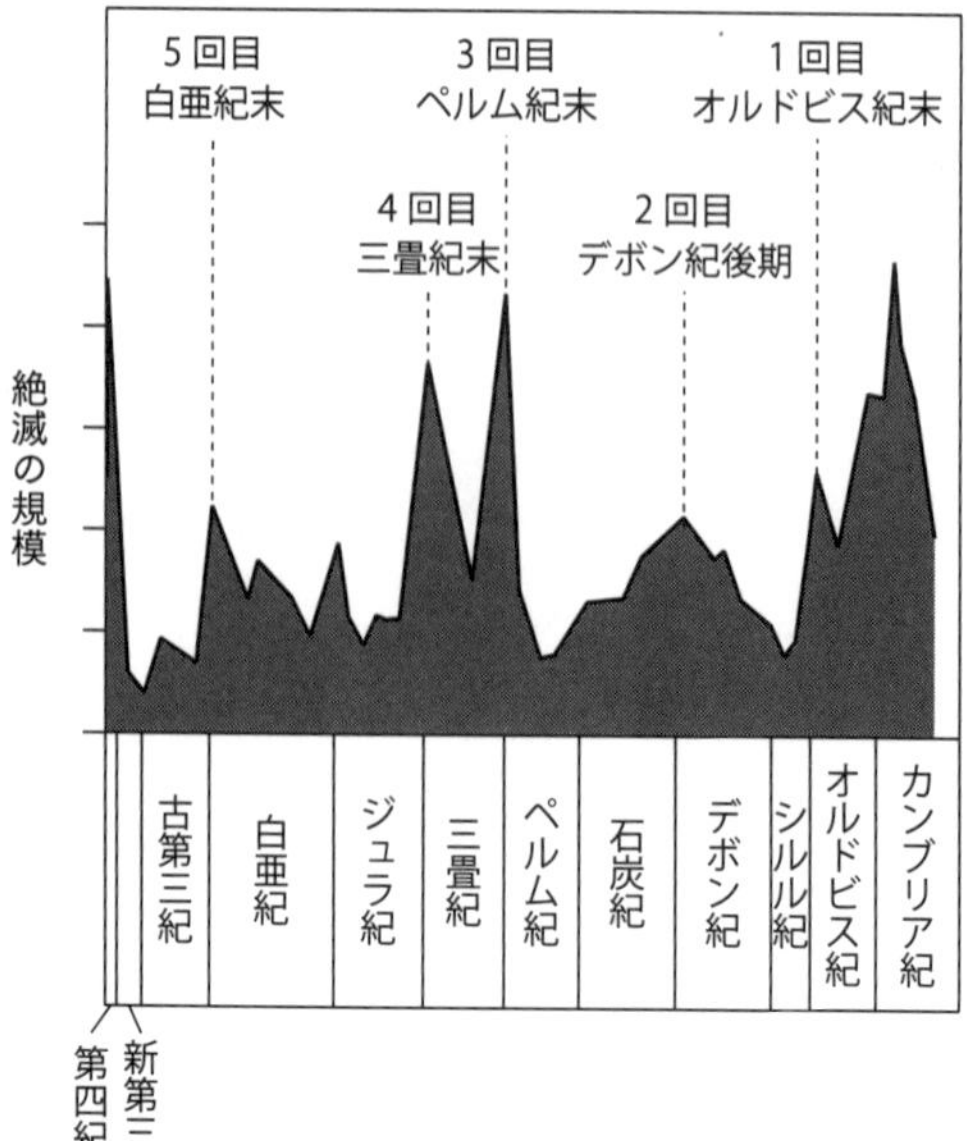

はないということです。

ケナガマンモスの絶滅に関しては、「人類に狩られた」という説があります。ケナガマンモスは、当時の人類にとってとても魅力的な動物だったようです。肉は食料に、皮は衣類に、牙は道具の材料となりました。また、骨を使った住居もつくられています。大きな個体は肩の高さが3メートルを超えるという巨体であり、狩るほうも命懸けですが、それでも、そのリスクに見合う獲物だったことは確かなようです。

人類の積極的な狩りを原因とするこの仮説は、「過剰殺戮説《オーバーキル》」とも呼ばれています。実際、地域によっては、人類の生活圏の拡大とケナガマンモスの絶滅時期が一致していることも確認されています。

しかし実はケナガマンモスは、人類が到達していない場所に生息していたものも滅んでいるのです。たとえば、北極圏では、植生の変化とケナガマンモスの絶滅の時期が一致するという指摘もあります。「植生の変化」ということは、気候が変わった可能性があるということです。その気候変化に、ケナガマンモスはついていけなかったとみられています。

また、ベーリング海にある島では、2000年ほどかけて緩やかな乾燥化が進み、その結果、「水不足」によって、ケナガマンモスが滅んだとも言われています。

このように、ケナガマンモスひとつをとっても、絶滅の原因になるような事象は複数あります。しかも、これらがすべて誤っていて、未知の理由があった可能性もあるわけです。

食物連鎖《しょくもつれんさ》という言葉があるように、生態系はとても複雑で、ある種の衰退が、他の種を滅ぼす可能性もあります。絶滅の原因は一概にはいえず、多くの研究者がその謎の解明に日夜挑んでいます。簡単に「これが原因で滅んだ」といえるような種は、実はかなり少数なのです。

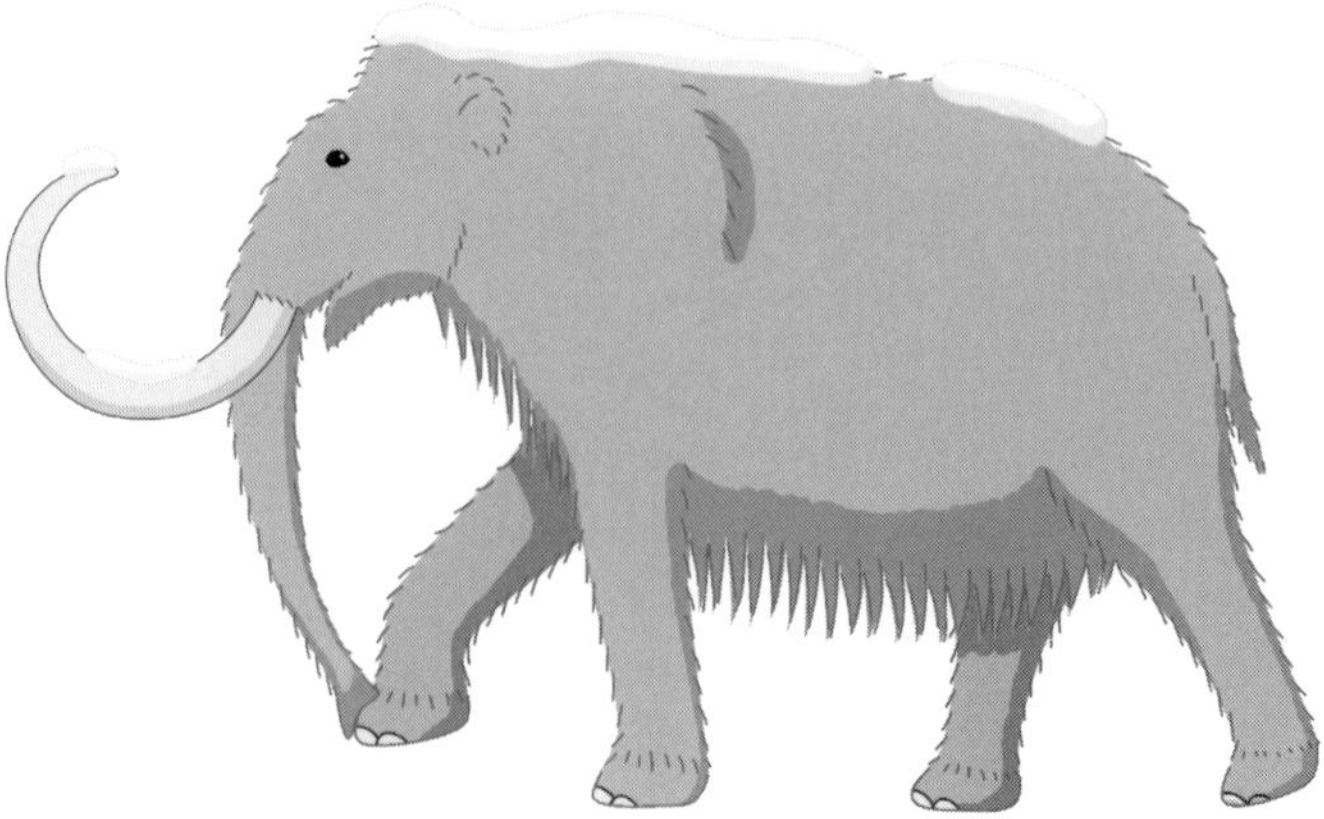

約1万年前に姿を消したケナガマンモス

「当たり前」を「当たり前」に考える

――論理の根幹たる「斉一説」

古生物学には、すべての研究者が依《よ》って立つ理論がいくつかあります。そのなかで、最も代表的なものが、「斉一説《せいいつせつ》」です。英語では「uniformitarianism」といいます。

斉一説こそが古生物学が太古の生物の謎を解く基本原理です。いや、古生物学だけではありません。古生物学と切っても切り離せない地質学、そして、古生物学や地質学を含む大きな学問である地球科学にとっても、斉一説はとても大切です。

もっとも大切だからといって、難しいものではありません。大丈夫。斉一説はとてもシンプルです。

斉一説は、「現在の地球で起きている現象は、過去の地球でも起きていたはず」という考え方です。「現在は過去を解く鍵」という言葉で表現されます。

もともと斉一説を唱えたのは、18世紀に活躍した地質学者のジェームズ・ハットンさんでした。

現在と同じように過去の地球でも雨が降り、その雨が地形を削り、雨が集まって川をつくり、川は谷をつくり、そして、水は海へとたどりつきます。それはとてもゆっくりな現象で、一朝一夕《いっちょういっせき》で谷ができるわけではありません。物が溜まっていくときは、下が最初。その上に次第に積もっていく。……ということは、古いものほど下に堆積しているということ。地殻変動などが起きない限り、地面を掘れば掘るほど、古い時代の地層にたどりつきます。

過去の地球は、特別なものではありません。だから、〝現在〟を知れば、〝過去〟を知ることができます。まさに、〝現在〟は、〝過去〟のヒントとなり得るのです。

古生物も同じ。太古の生き物の生態を知るためには、現在の生き物を知る必要があります。

ここまで読んだあなたは、「何を当たり前のことを?」と思われるかもしれません。それは、あなたがすでに、斉一説という理論に基づいた教育を受けているからです。斉一説の肝《きも》は、「〝超常の存在〟は、太古の地球や生物になんら関係していない」ことにあります。

たとえば、神がいたとして、「谷よ!」と念じたから谷ができたわけではなく、「空を飛ぶものとして、鳥をつくろう。翼さえあれば、空を飛べるはずだね」と設計・設定したから鳥が空を飛べるわけではありません。

すべては、現在の地球で観察できる物理現象、化学現象、生物学的な現象などによって〝支配〟されている。それが、斉一説のポイントです。谷は川が地層を削ることで形成され、鳥は飛行の物理法則に適したからだに進化しました。

ハットンさんが18世紀に提唱した斉一説は、19世紀に活躍した地質学者のチャールズ・ライエルさんによって〝確立〟されました。

しかし、19世紀半ばまで、科学の世界には宗教が大きく関わっていました。簡単にいえば、太古の世界も生物も、地球上のあらゆる地形も、神の意思によってつくられていたと考えられていたのです。

斉一説に対立するこの考えを象徴するのは、ライエルさんと同時代を生きていた博物学者のジョルジュ・キュヴィエさんが提唱した「天変地異説」です。英語では、「Catastrophism」といいます。

天変地異説では、地球で起きる現象は突如として大変化し、そして、新たな創造へつながると考えます。代表例が旧約聖書の「ノアの方舟《はこぶね》」の物語に出てくる洪水です。「突如として地球を覆いつくす大洪水」が発生したとするそれは、まさに天変地異そのものといえるでしょう。それは、「神」という超常の存在によってもたらされたそうです。

19世紀半ばには、斉一説の影響も受けた「進化論」が誕生します。進化論の基本的な考えも斉一説と同じです。つまり、「生物の変化は突然進むのではなく、長い時間をかけて少しずつ進んでいく」というもの。神の意思は関与しません。

斉一説も進化論も、当初は大きな反対を受けました。力のある研究者も、賛成派と反対派に分かれ、ヨーロッパでは大論争が勃発しました。当時、すべての古生物学者が斉一説や進化論を支持したわけではありません。たとえば、「恐竜類」という分類群を創設したリチャード・オーウェンさんは、進化論に対して熱烈な反対を行ったことで知られています。そもそも天変地異説の提唱者であるキュヴィエさんも、現在の生き物を解剖して、そのしくみを化石に応用し、古生物を復元するという手法を確立した人物……つまり、初期の古生物学の立役者のひとりです。

論争が進んでいくと、斉一説や進化論を支える証拠ばかりが増えていきました。その結果、このふたつの考えは、近代古生物学や近代地質学などを含む近代地球科学の礎《いしずえ》として、受け入れられていきました（もっとも、現在でも宗教色の濃い地域では、こうした理論は否定されています）。

ただし、神の関与云々《うんぬん》は別としても、「天変地異」としか呼べないような変化が地球に起きていたことを〝現在の私たち〟は知っています。

代表例は、約６６００万年前に起きた巨大隕石の衝突に始まる大量絶滅事件です。それまで大繁栄していた恐竜類は、この事件で突如として滅んでいます。まさに天変地異。

しかし、よく考えれば、巨大隕石そのものは、天文学的な理由で地球にやってきたもので、宇宙を観察していれば、その衝突は「突然」ではなかったはずです。また、動物たちの絶滅も、どのような過程がどのくらいの時間をかけて展開されていったのかは、今、まさに分析が進んでいます。その意味ではこの「天変地異」にも理由があるといえるでしょう。

やはり、超常の存在は、地球にも生物にも関与していないのです。

化石から太古の地理がわかる
——大陸移動説とその証拠たる化石の話

地球表層は、「プレート」と呼ばれる巨大な岩盤《がんばん》で覆《おお》われています。1枚のプレートで覆っているわけではなく、大小十数枚のプレートが存在します。

たとえば、現在の東日本は北アメリカ大陸までつながる「北アメリカプレート」の上にあり、西日本はユーラシア大陸の大部分が乗る「ユーラシアプレート」の上にあります。南には、フィリピンの北東にまで広がる「フィリピン海プレート」があり、東には太平洋の大部分を占める「太平洋プレート」があります。日本列島は、4枚のプレートが集まる、世界有数の〝プレート交差点〟です。

プレートは、年間数センチメートルほどのとてもゆっくりな速度で動いています。

移動速度はプレートによってマチマチです。また、動く方向は一定ではなく、それぞれのプレートは離れたり、ぶつかったり、すれちがったりしています。プレートが離れる場所では新たなプレートがつくられていますし、ぶつかる場所では一方のプレートが他方のプレートの下へもぐりこんでいます。

私たち、日本列島で暮らす人々が日常的に経験している「地震」の多くは、この「プレートのもぐりこみ」にともなうものです。言い換えれば、地震こそが地球表層が動いている証拠といえます。

諸大陸はプレートの上に乗っている状態ですから、プレートが動けば、大陸も、ともに動きます。分裂もしますし、集合もします。

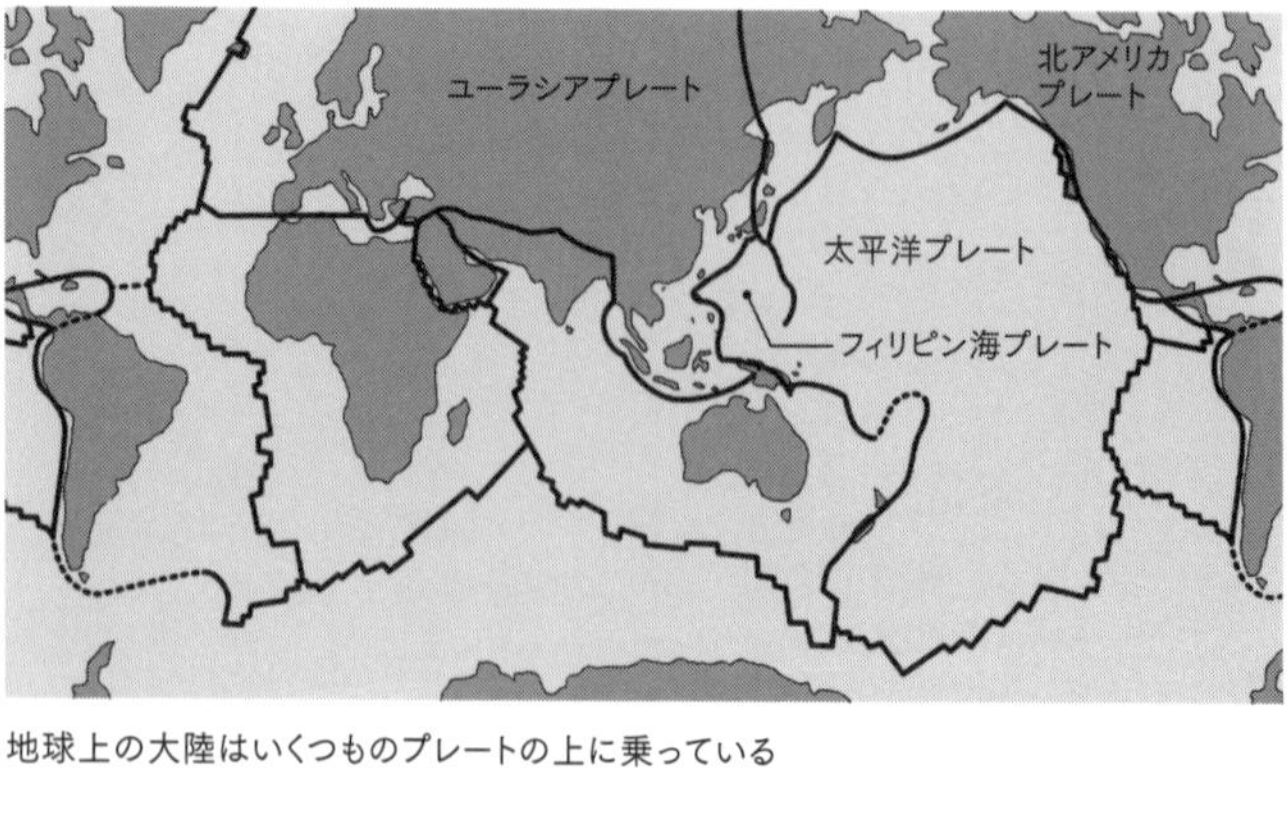

地球上の大陸はいくつものプレートの上に乗っている

地球史を振り返れば、諸大陸は離合集散を繰り返し、現在の大陸を超える大きな面積をもった「超大陸」を生み出してきました。

地球史にはいくつも超大陸が登場します。そのなかでも最も有名といえるのは、2億5000万年前ごろに、すべての大陸が集合してつくられていた「超大陸パンゲア」でしょう。超大陸パンゲアの時代は、世界中の陸地が地続きであり、動物たちは歩いて世界旅行をすることが可能でした。

そもそも、大陸が移動するという考えは、20世紀初頭にドイツの気象学者であるアルフレッド・ウェゲナーさんが発表した学説です。ウェゲナーさんは、アフリカ大陸の西岸と、南アメリカ大陸の東岸の海岸線がよく似ていることに気づき、かつて、このふたつの大陸は合体していたのではないかと考えたそうです。

20世紀初頭の段階では、まだ、プレートは確認されていません。「プレートが動く」という概念さえ存在しないのです。「年間数センチメートル」という移動速度は、宇宙からの観測で明らかになったことですが、20世紀初頭には人類は宇宙に何も送り込んでいません。

そんな状況で、ウェゲナーさんが自説の根拠としたのが、「化石」でした。

2億5000万年前ごろ……地質時代でいうところのペルム紀や三畳紀の地層から産出した化石を調べると、南アメリカ大陸とアフリカ大陸、アフリカ大陸と南極大陸やインドなどで同じ動植物の化石がいくつも発見されていることがわかりました。これらの大陸の間には大洋があります。複数の大陸で化石が発見された動物は、陸棲種や淡水で生きていた種です。とても大洋を泳ぎ切る能力があるとは思えません。

つまり、諸大陸が陸続きだったからこそ、彼らは複数の大陸に分布域を広げることができたのです。こうした証拠は、ウェゲナー後も発見されており、近年でも、たとえば、ロシアと南アフリカのペルム紀の地層から、よく似た動物の化石が見つかったことが報告されています。


プレートに乗って動く大陸は、ときにアクロバティックに回転し、赤道を通過することも極域《きょくいき》にあったこともあります。時間とともに位置が変わり、気候も変わります。大陸が動くことで、海流も変わります。これも、気候の変化に関係します。

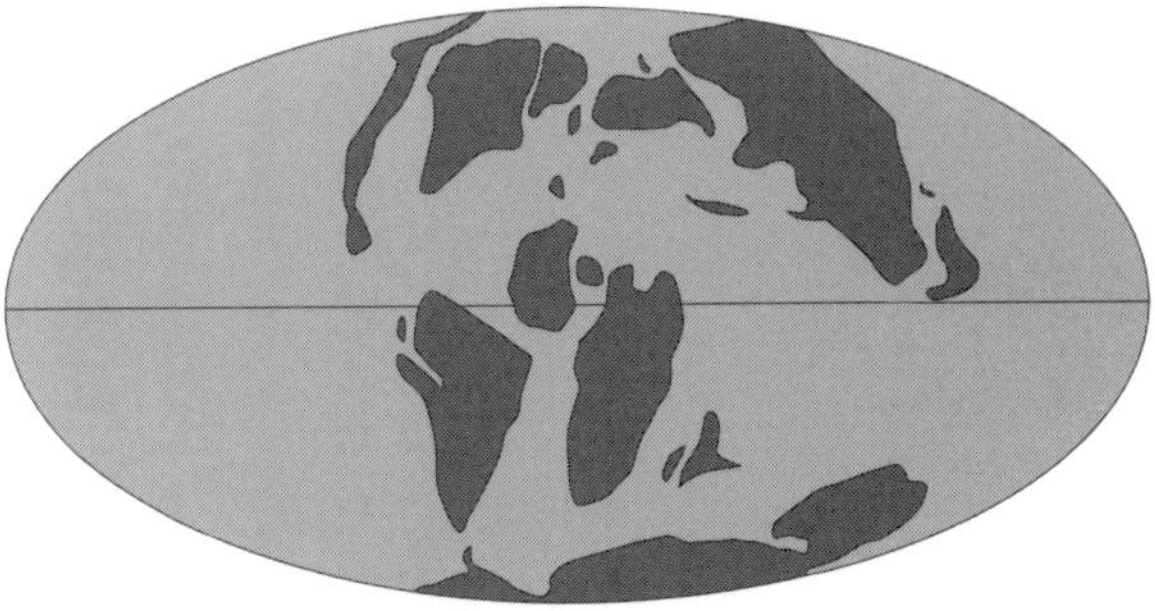

白亜紀（約１億年前）の大陸図

ペルム紀（約２億9000万年前）の大陸図

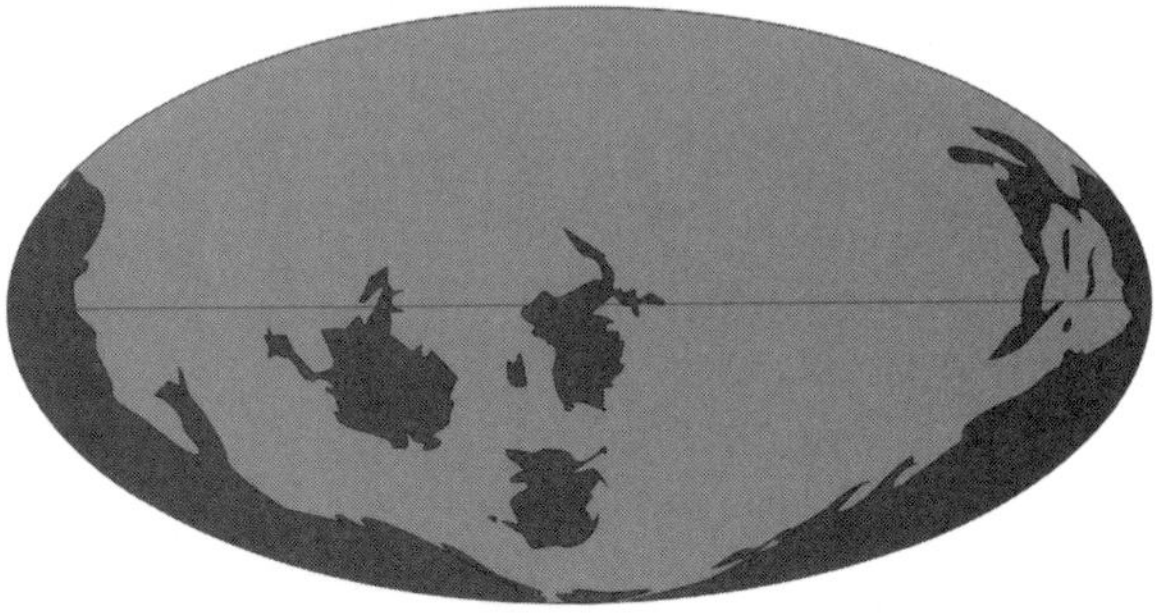

カンブリア紀（約５億年前）の大陸図

《もっと知りたい古生物》

恐竜とは何？

あなたは、「古生物」あるいは「化石」と聞いて、何を思い浮かべるでしょうか？

おそらく多くの方が「恐竜（の化石）」を思い浮かべることでしょう。ちなみに、「アンモナイト」や「三葉虫」を思い浮かべた方は、半歩以上〝こちら側〟です。「アノマロカリス」や「エディアカラ生物」を挙げた方は、完全に〝こちら側の人〟ですね（笑）。

そうした〝こちら側のみなさん〟は、「知人との会話で『古生物』という単語を出すと、（意図していないのに）すぐに恐竜の話になる」という経験をしたことがあるはず。それほどまでに「恐竜」は「古生物」をイメージ面で代表する存在といえます。実際、筆者のところに企画をもってくる編集者のなかにも、「中生代の脊椎動物はすべて恐竜」と呼ぶ人もいるくらいです。

Column

もちろん、「中生代の脊椎動物はすべて恐竜」とは、かなり乱暴な認識で、誤っています。では、「恐竜」とはどのような生き物でしょうか?

学術的には、恐竜を定義するためのさまざまな特徴があります。そのなかでひとつ、「これを知っていれば便利!」を挙げるとすれば、それは「恐竜は、後ろ脚がからだの下にまっすぐ伸びる爬虫類」であるという点です。

ティラノサウルス(*Tyrannosaurus*)やトリケラトプス(*Triceratops*)など、あなたの知っている恐竜の脚を思い浮かべてみてください。腰からまっすぐ下に伸びているはずです。

一方、他の爬虫類……たとえば、ワニやカメ、トカゲを思い浮かべてみてください。その脚は真下ではなく、側方へ伸びています。そのため、ワニもカメもトカゲも、基本的には這《は》うように歩きます。そもそも「爬虫類」の「爬《は》」には、「はう」という意味があります。

爬虫類である恐竜の「後ろ脚がからだの下にまっすぐ伸びる」という特徴は、私たち哺乳類と共通する特徴です。イヌやネコ、ウマなどの後ろ脚のつき方と、恐竜類の脚のつき方は同じなのです（哺乳類は爬虫類ではないので、恐竜類ではありません。念のため）。

この特徴を覚えておくと「中生代の脊椎動物はすべて恐竜」とする認識がいかに間違っているかがわかりやすいと思います。翼竜類、クビナガリュウ類などは、いずれも「後ろ脚がからだの下にまっすぐ」にはなっていません。したがって、クビナガリュウ類は恐竜ではありません。

実は、「鳥類」にはこの特徴があります。のちの章（121ページ）で触れますが、鳥類は恐竜類の1グループなので、当然のことながら、鳥類にも「後ろ脚がからだの下にまっすぐ伸びる」という特徴があるのです。

もっとも、「後ろ脚がからだの下にまっすぐ伸びる爬虫類」は、恐竜類だけではありません。恐竜類に近縁のグループのひとつに「偽《ぎ》鰐類《がくるい》」があります。「偽《にせ》」の「鰐《わに》」という文字に反して、ワニとその近縁の爬虫類を含むグループです。そして、偽鰐類の多くの絶滅種が「後ろ脚がからだの下にまっすぐ伸びる爬虫類」です。ほかの特徴と合わせることで恐竜類と区別されます（詳細を知りたい方は専門書をご覧ください）。

Column

ちなみに、恐竜類の定義には「現生鳥類とトリケラトプスを含むグループの最も近い共通祖先より分岐したすべての子孫」というものがあります。

これはちょっと専門的ですが、ざっくりといえば「恐竜類は、鳥類に代表されるグループと、トリケラトプスに代表されるグループに2分される。つまり、恐竜類とは、その2グループを指す」ということです。この場合、「鳥類に代表されるグループ」は「竜盤類」と呼ばれ、「トリケラトプスに代表されるグループ」は「鳥盤類」と呼ばれます。あなたのお好きな恐竜の分類を調べてください。必ず、この2グループのどちらかに分類されているはずです。逆に、偽鰐類や、どんなに近縁のグループであっても、この2グループに分類されていなければ、恐竜類ではありません。

第2章　化石の謎

冷凍マンモスも化石？
——化石とは何か？

化石とは、「地質時代の生物（古生物）の遺骸や、その生物がつくった痕跡のこと」と、第1章の最初の項で書きました。

ここでは、もう少し、この「化石について」を掘り下げていきましょう。

漢字で「石」に「化」けると書くくらいですから、「化石は石のようにカタイもの」と考えている人もいるでしょう。実際に、化石になった樹木のなかには、叩けばキンキンと、まるで金属のような音を出す標本もあります。また、骨化石のなかには、ずっしりと重く、まるで鈍器のようなものもあります。

一方で、葉の化石などには、ちょっと尖ったもので突けば、ボロボロとはがれてしまうものもあります。二枚貝の殻は、生きていればカチコチに硬いものですが、化石となったものには、触るだけでボロボロと崩れるものもあります。

漢字で「石」に「化」けると書いても、「化石」は必ずしも硬いものではないのです。

そもそも、日本語でこそ「化石」という文字を使いますが、同じく化石を意味する英語の「fossil」には「石」という意味はありません。「fossil」の語源は、ラテン語の「fossilis」であり、これは「掘り出されたもの」という意味です。「地質時代の生物（古生物）の遺骸や、その生物がつくった痕跡のこと」という定義に従えば、石のように硬くなくても、「化石」です。シベリアの永久凍土からは、ふさふさとした毛をともなう冷凍マンモスが発見されていますが、これも「化石」。ちょっと硬いもので簡単に削ることができる琥珀《こはく》の中に閉じ込められた昆虫も「化石」です。

さて、こうした「古生物の遺骸の化石」のことは、「体化石《たいかせき》」といいます。遺伝子解析やゲノム解析がかなり進歩した現在であっても、古生物の姿やサイズは、体化石がなくては推測することができません。

これに対して、「生物がつくった痕跡の化石」のことは、「生痕化石《せいこんかせき》」と呼ばれています。生痕化石には、巣穴や足跡、糞《ふん》などの化石が含まれます。

体化石に比べると、生痕化石は化石に残りにくいものです。ちょっとした雨風でも崩れてなくなってしまうことがあります。しかし、古生物1個体が一生涯に残す、とくに足跡や糞などは膨大《ぼうだい》です。いくら「化石に残りにくい」とはいっても、下手な鉄砲数うちゃ当たる。数が多いので、化石に残ります。

生痕化石は、古生物の生き様を探るヒントになります。体化石と生痕化石。両方が揃うことで、私たちは過去の古生物の全容を知ることができるのです。

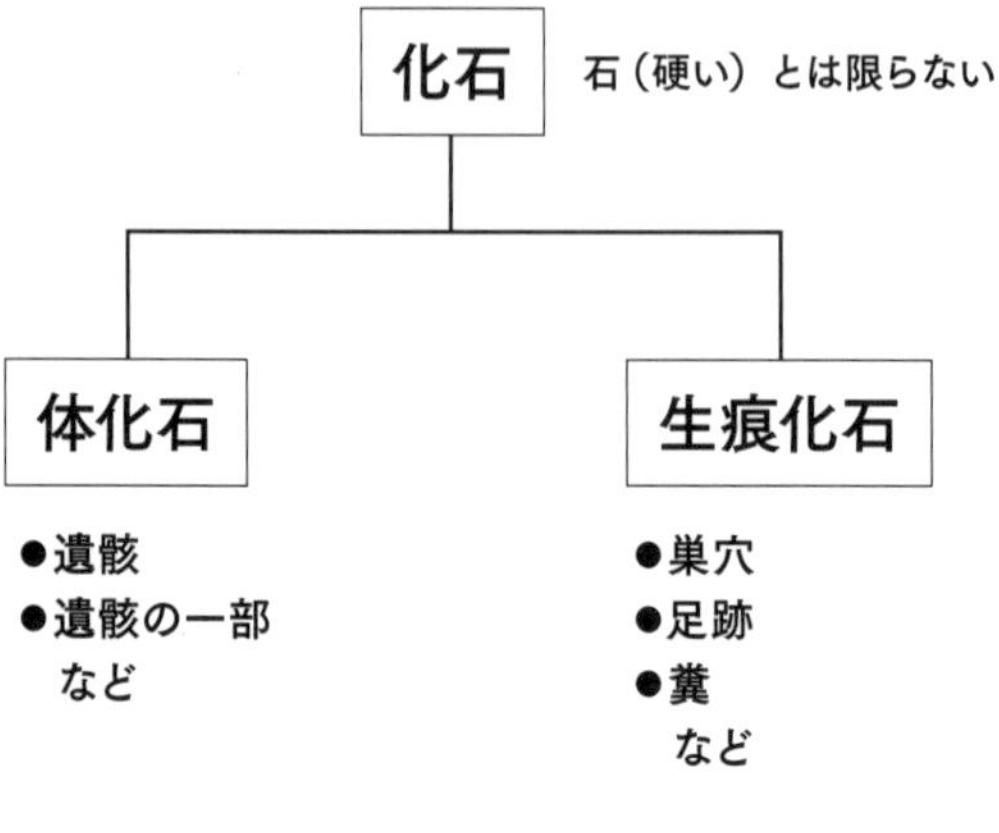

〝ざんねんな古生物〟なんていない

——化石化のメカニズム

すべての古生物は、化石によって、その存在が証明されています。

古生物がすでに滅んでいることから、滅びの理由をその生態と紐《ひも》づける、あるいは、現代人の視点から見て〝変わっている〟姿形を指さして、「ざんねん」と揶揄《やゆ》する風潮が、一部ではあるようです。

このような風潮に、筆者は憤《いきどお》りと不安を感じざるを得ません。

この風潮は、化石に関する無知からきていると思われるからです。

速やかに埋まらなければいけない

そもそも、死んだ生物のすべてが化石となるわけではありません。まず、死んだ生物（とくに動物は）、死後に速やかに地中に埋没《まいぼつ》する必要があります。もしも、長期間にわたって遺骸が野晒《のざら》しになっていると、その遺骸は肉食動物の餌《えさ》となってしまいます。皮は裂《さ》かれ、肉は引きちぎられ、そして、硬い骨であっても、踏まれて粉砕《ふんさい》されてしまうでしょう。骨や殻ごと持ち去られてしまうかもしれません。いずれにしろ、肉食動物に見つかった時点で、遺骸の損壊はまぬがれません。

運良く肉食動物がいない場所であっても、微生物などによる筋肉や臓器などの軟組織の分解は避けられません。軟組織が分解され、むき出しになった骨や殻は、雨風による作用を受けます。

雨に酸性の成分が含まれていれば、骨や殻は溶かされてしまいます。風に砂や泥などの小さな粒子が含まれていれば、それらが叩きつけられることで、骨や殻は次第に破壊されていきます。気温の上下が激しい場所では、温度差による膨張や縮小も悪い影響を与えます。ちょっとした隙間に胞子が入ってしまえば、その発芽と成長によって、内部から壊されていきます。

こうしたさまざまな破壊作用から遺骸を〝守る〟ためには、地中に埋没することによって〝保護〟されることが大切なのです。

化石になるものは、非常に低確率

この時点で、〝保護〟されること自体が、かなりの僥倖《ぎょうこう》であることがわかると思います。たとえば、死因が肉食動物による攻撃だった場合、初手の段階で遺骸が壊されてしまいます。化石のなかには、「捕食痕《ほしょくこん》」や「攻撃痕《こうげきこん》」の残るものも多数ありますが、それは知られている化石全体から見ればかなり希少です。実際には、肉食動物の攻撃で死んだ動物は膨大な数がいたはずですが、そのほとんどは化石として残らないのです。

病死や過労、あるいは、寿命などが死因であったとしても、「長期間に渡って遺骸が野晒し」になる前に、肉食動物に嗅《か》ぎつけられてしまう可能性は低くはありません。〝ゆるやかに〟弱って死んだ場合も化石に残りにくいのです。

自然界において、「死後に速やかに地中に埋没するシチュエーション」は多くはありません。たとえば、洪水や火砕流などに巻き込まれた場合などが、そうした「死後に速やかに地中に埋没するシチュエーション」に相当します。また、空気中や水中の酸素が何らかの理由で著しく減少して、ほかの動物が生きていくことができなくなった場合などでも、同様のシチュエーションになります。

自然界の動物が、どのくらいの割合で死後に「埋没」するのでしょう。

ロナルド・E・マーティンさんが著した化石の成因に関する専門書では、脊椎《せきつい》動物の遺骸が250個体あった場合、肉食動物の襲撃と雨風の作用を避けて地中に埋もれる遺骸は、50ほどであるとされています。「意外と多い？」と思われるかもしれませんが、この約50の遺骸は、無傷で埋没したわけではありません。このとき、1個体をつくる多数の骨のなかで、無事に埋没までたどりついた骨は、わずか5パーセントとのことです。

そして、無事に埋まることができたとして、そのすべてが無事に保存されるとは限りません。

地殻変動によって地層は曲がり、ときには断層によって地層は分断されます。その結果、化石もまた破壊されていくのです。地層中の化学成分の影響を受けて、溶かされてしまうこともあるでしょう。

化石は、「成功者」の証

無事に保存されたとしても、人類がその化石を速やかに発見しなければ、私たちはその存在を確認できません。

地層の中に埋もれた化石が、人類の目にとまる場所もまた限られています。たとえば、植物が生《お》い茂《しげ》る森林地帯では、厚い土壌が地層を覆っています。化石を含む地層がそもそも露出しないのです。

そのため、土壌が露出しない場所で、化石は地層から顔を出します。それは、荒野のような地域や、水流によって土壌が削られる、沢・川沿いや海岸などのような地域です。

こうした場所では、雨風によって地層が削られるため、化石が地層から露出しています。しかし、露出する時間が長ければ長いほど、化石もまた破壊されていくので

◉ 化石となって見つかるまで

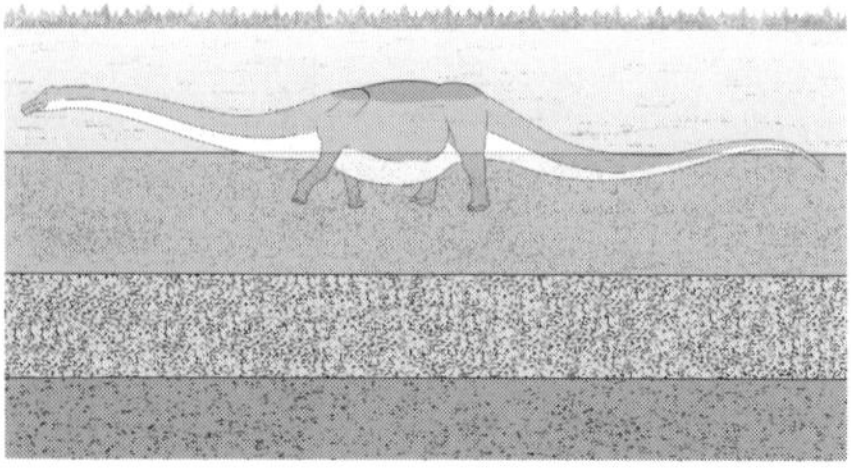

死体が埋まる

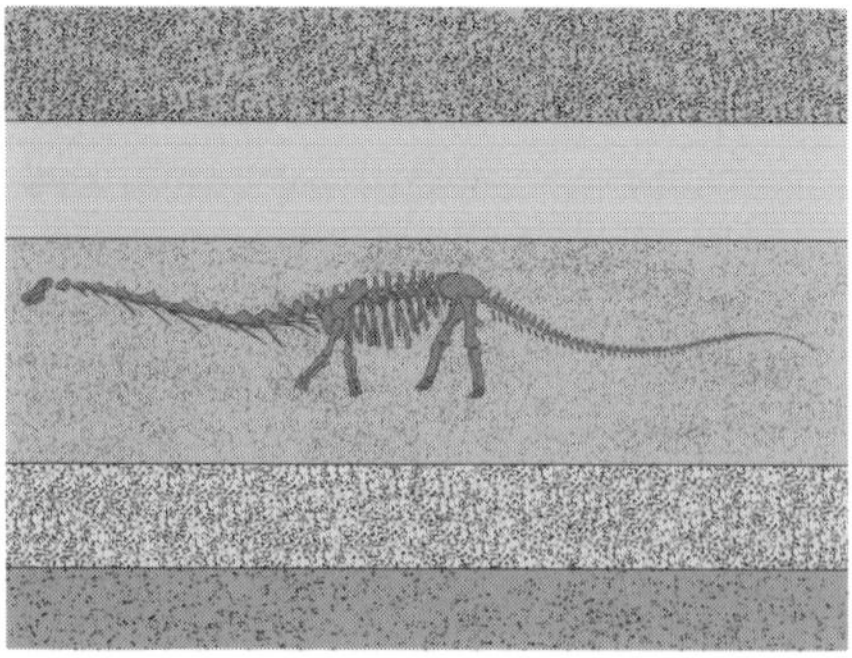

埋まった死体が化石になる

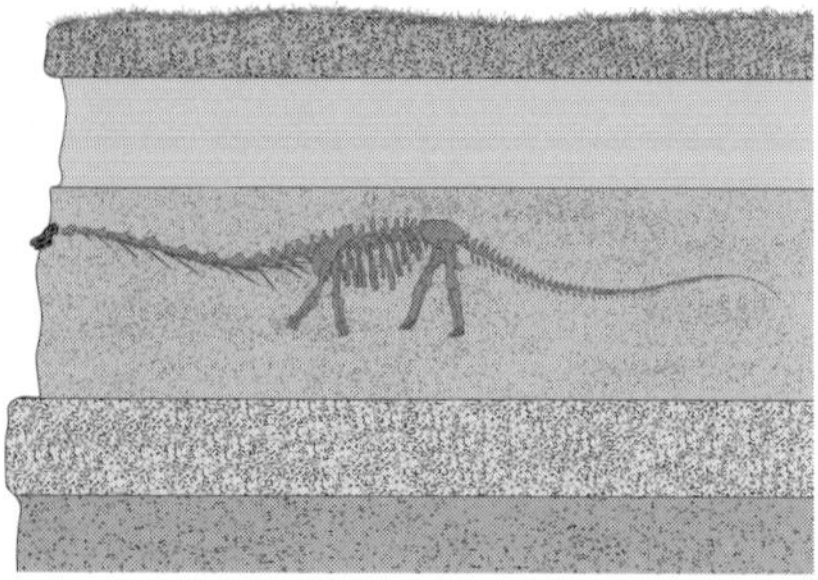

化石が地層から露出する

す。つまり、地層から露出した化石は、人類によって速やかに発見され、発掘・採集される必要があります。

幾重《いくえ》にも重なった偶然と必然。

私たちが目にする化石となる確率は、けっして高くありません。その低い確率で化石となったということは、生きていた時は繁栄し、一定以上の個体数があったと考えるべきでしょう。低い確率でも化石になるためには、膨大な量の遺骸が必要です。つまり、化石として見つかるすべての古生物は、かつて大繁栄をしていた「成功者」と考えることもできるのです。

変化がない、という〝成功者〟

――「生きている化石」とは？

「生きている化石」あるいは「生きた化石」という言葉を聞いたことはありませんか？

英語では「Living fossil」と書きます。「生きている化石」と「生きた化石」は、この訳語にあたり、どちらも同じ意味になります。本書では、「生きている化石」を採用するとしましょう。一般的には、シーラカンスやカブトガニ、ゴキブリなどを指す言葉として知られています。

もともと、「生きている化石」という言葉は、チャールズ・ダーウィンさんによって使われ始めました。ダーウィンさんは、19世紀に活躍したイギリスの自然科学者で、いわゆる「進化論」の研究者として知られています。

ダーウィンさんは、著書『種の起源』のなかで、カモノハシやハイギョを形容する際に「生きた化石ともいえるこうした異型《いけい》の生物」という表現を使いました。ダーウィンさんにとって、生き物は進化するもの、つまり、変化するものであるはずなのに、祖先とほとんど変わっていない姿をしているカモハシやハイギョは、まさに「異型の生物」だったのかもしれません。

21世紀の現在では、「生きている化石」はどのように定義されているのでしょうか？日本古生物学会が編集した『古生物学事典（第2版）』（朝倉書店）の「生きている化石」の項は、次の一文で始まります。

——祖先種または祖先分類群のもつ形態的特徴を保ちながら現世まで生き延びた生物の総称。——

ポイントは、「形態的特徴」と「現世まで生き延びた」の2点です。「形態的特徴」とは、文字通り、「形」のことです。「現世まで生き延びた」は、過去の地球でも、現在の地球でも確認できることを指しています。そして、この定義では、「同種」であることは定めていません。つまり、祖先、あるいは、祖先の近縁種に、似たような形の生物がいる現生の生物を、「生きている化石」というのです。

たとえば、シーラカンス。

実は、現在の地球には、「シーラカンス」という名前の種はいません。一般に「シーラカンス」と呼ばれるサカナは、「ラティメリア（*Latimeria*）」という属名をもつ動物のこと。より正確に言えば、アフリカ東海岸沖で生息が確認されている「ラティメリア・カラムナエ（*Latimeria chalumnae*）」と、インドネシアで確認されている「ラティメリア・メナドエンシス（*Latimeria menadoensis*）」のことです。

どちらも全長2メートル前後にまで成長し、

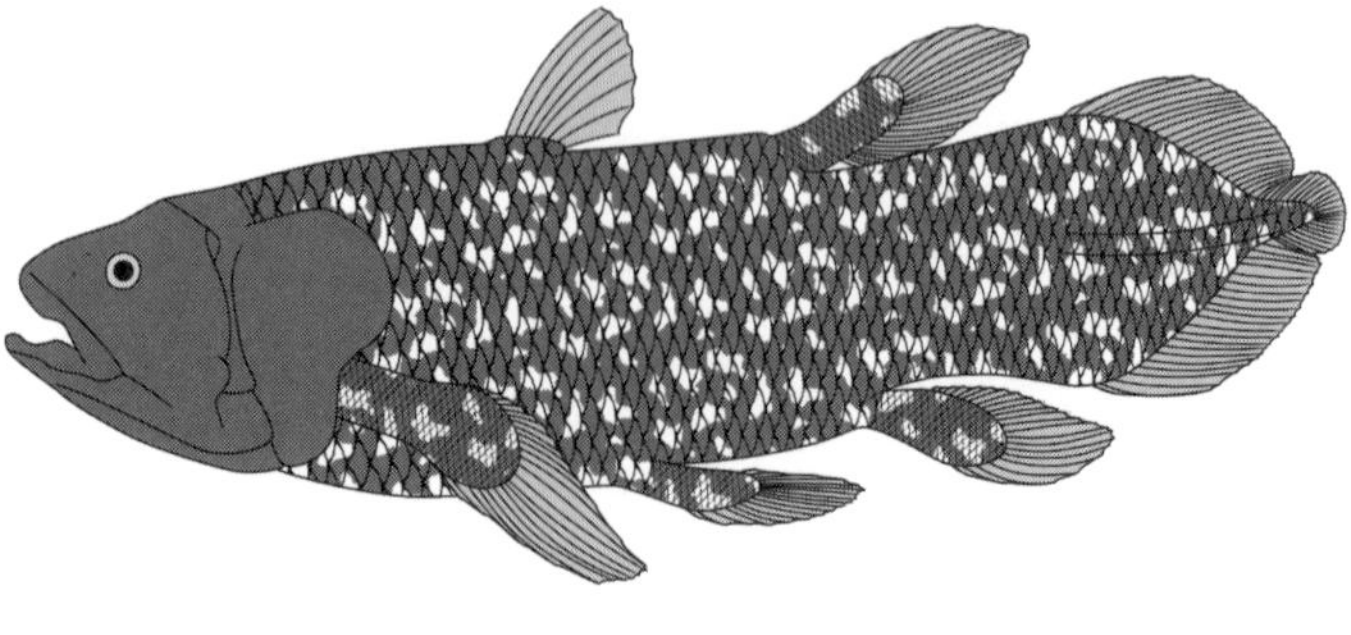

現在も生息しているラティメリア

全体としては黒色の体に白い鱗《うろこ》が点在し、胸びれ、腹びれ、第2背びれ、第1尻びれの柄《え》が、陸上動物の腕のような骨と筋肉でできています。

ラティメリアが「シーラカンス」と呼ばれる理由は、それがグループ名だからです。つまり、ラティメリアは、「シーラカンス類」というグループに分類されるということです。

シーラカンス類は、約4億9000万年前の古生代デボン紀に現れたグループです。その後、大いに繁栄し、たくさんの種が現れて、浅海域や淡水域にも生息していました。このグループの生き残りが、ラティメリアの2種なのです。

かつて栄えたシーラカンス類の仲間には、ラティメリアとは似ても似つかない種がたくさんいました。たとえば、約2億4400万年前の中生代三畳紀前期のスイスにあった暖かい浅海にいた「フォレイア（*Foreyia*）」の全長は20センチメートルほど。ラティメリアよりも圧倒的に小柄で、そのからだは高さがあるわりには厚みがなく、まるで現生のブダイのような姿をしていました。

生きている化石の条件は、「形が似ていること」ですから、フォレイアのような化石種を指して、現生のラティメリアを「生きている化石」と呼んでいるわけではありません。

多様なシーラカンス類のなかには、全長40センチメートルほどと、こちらもラティメリアよりも小柄ながら、ラティメリアとよく似ていて、胸びれ、腹びれ、第2背びれ、第1尻びれの柄《え》に腕のようなつくりのあるサカナがいました。中生代白亜紀の半ば、あるいは、もっと古くからいたとされるそのシーラカンス類の名前を「マクロポマ（*Macropoma*）」といいます。中生代のシーラカンス類には、マクロポマやその近縁種に、ラティメリアとよく似た姿の種がいくつもいました。

ラティメリアは、マクロポマのような8000万年以上昔の近縁種から姿がほとんど変わっていません。故に、「生きている化石」

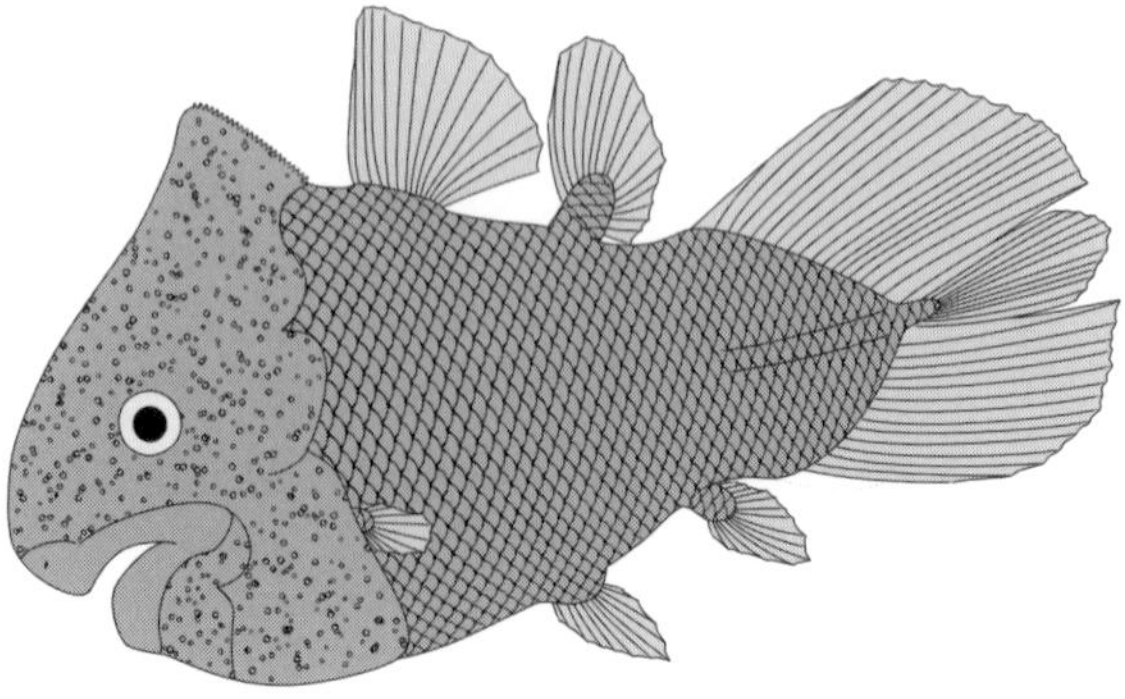

中生代三畳紀前期に生息していたフォレイア

と呼ばれるのです。

さて、「生きている化石」というと、時代遅れのように感じるかもしれません。

しかし自然界では、進化によって姿を変え、なんとか命を紡《つむ》いできたという種が大半です。「昔のまま姿が変わっていない」ということは、その姿がいかに環境に適応していて、「生き抜く」ことに適していたかを物語っているともいえます。姿を大きく変えずとも、命脈《めいみゃく》を残すことができたわけです。

つまり、「生きている化石」は、「進化の成功者」ともいえるのです。

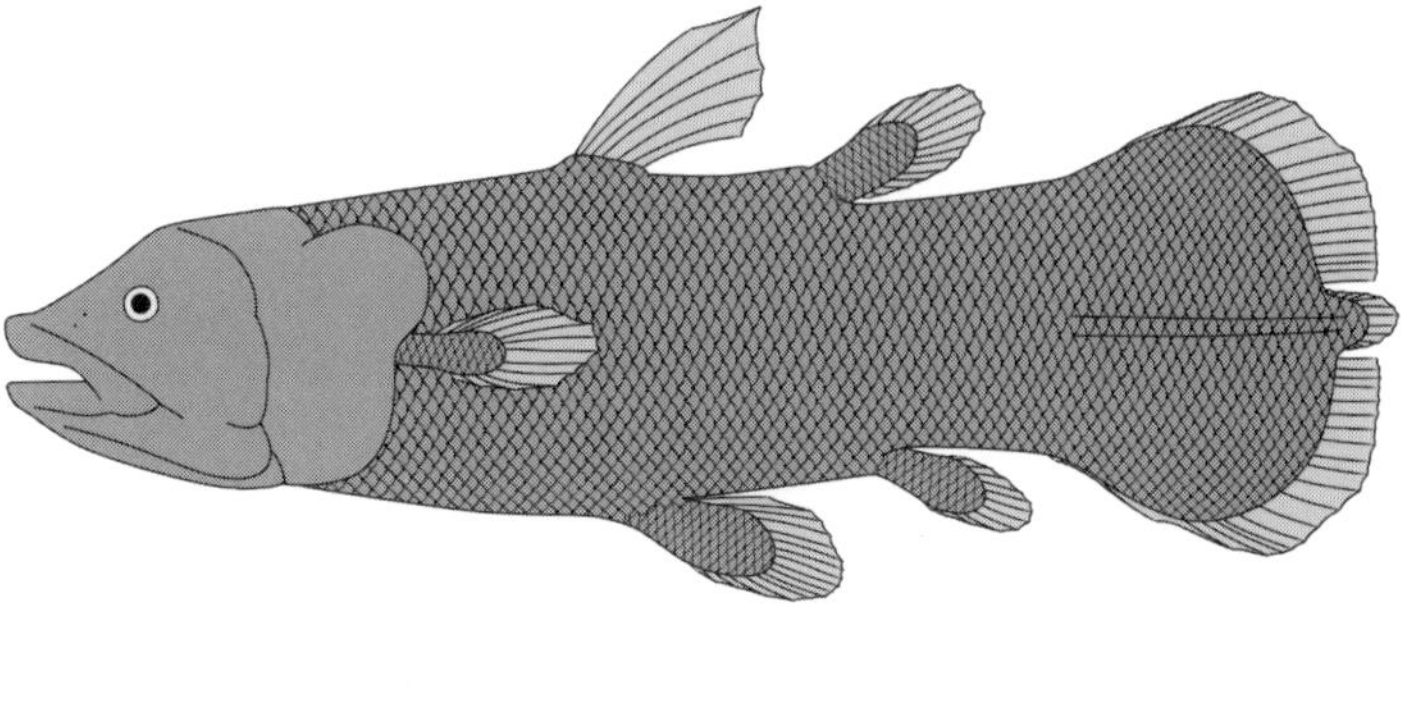

中生代の白亜紀半ばに生息していたマクロポマ。現在のラティメリアと姿がよく似ていた

「戦いは数だよ、兄貴！」は古生物学でも通用する

――現代文明を支える化石がある

ティラノサウルスの化石は、もちろん、すばらしい。

迫力もありますし、かつての地球の覇者の姿を如実《にょじつ》に教えてくれます。圧倒的な巨体。迫力の頭部。愛らしい前脚。多くの人々が魅せられ、たくさんの研究者がその生態や進化の解明に挑んでいます。

しかし、あえて言おう。

ティラノサウルスの化石は、〝産業的な実用度〟に関してきわめて脆弱《ぜいじゃく》です。ティラノサウルスの化石が見つかったから……たとえば、その化石のあった場所に石油が見つかるわけではありません。石油に限らず、何らかの資源が埋まっているわけでも

ありません。ジオン共和国のドズルさんがビグ・ザム1機で戦況を良い方向へ発展させることができなかったように、*ティラノサウルスの化石だけで、人類社会が（産業的に）発展するわけではないのです。

しかし、化石はティラノサウルスだけではありません。ティラノサウルスの化石は、不完全なものを入れても100個体も発見されていませんが（歯化石《はかせき》をのぞく）、圧倒的な数をもって、人類社会に貢献している化石もあるのです。

基本的に、大きな生物の化石よりも、小さな生物の化石のほうが数が多くなる傾向があります。これは、生きていたときを考えれば当然のことで、そもそも大きな生物よりも小さな生物のほうが個体数も種類も多いのです。

数が多くなると、「有用な化石」も出てきます。その典型が「示準《しじゅん》化石」と呼ばれる化石たちです。

示準化石とは、地層の時代がわかる化石です。この化石が含まれていると、その地層のつくられた時代がわかります。〝有能な示準化石〟ともなれば、「白亜紀」や「カンブリア紀」といった「紀」のレベルではなく、「白亜紀の後期のマーストリヒチア

＊本項は、1stガンダム成分強めでお送りしています。

ンという時代の半ば」といった具合にかなり時代を絞り込むことが可能です。

地層の時代がわかれば、古生物たちの生きていた時代もわかります。そして、同じ時代を生きた古生物の化石が産出するか否《いな》かに注目すれば、離れた地域の別の地層であっても、地層の新旧を知ることができます。

地層の時代がわかることが、現代文明にとってとても大切なことにつながります。なにしろ、地層の時代を特定し、あるいは、比較していくことによって、資源を探すことができるのです。

〇〇という時代の地層に資源があった。では、〇〇という時代の地層を探そう、というわけです。資源探査ともなれば、これはもちろん、きわめて実用的といえるでしょう。

そもそも、近代地質学は、「石炭紀」という時代の地層を探すために始まったのです。もちろん、資源となる石炭を探すためです。とくに欧米の石灰紀の地層は、膨大な量の石灰を含んでいます。

示準化石となる化石の条件は、地理的に広く分布したものであること（狭い地域だけの生き物であれば、比較に使えません）、種の生存期間（存続期間）が短いこと（長い期間にわたって命脈を残した種は時代を絞ることができません）、特徴がわかりやすくて多くの人々によって特定できること（限られた専門家にしか見分けができないようであれば、実用性に問題があります）、そして何よりも豊富な個体数を産すること、などが挙げられます。

ティラノサウルスの化石は、北アメリカ大陸西部という限定的な生息域と、100個体未満という化石数が大きなネックとなり、示準化石とはなり得ません。

そもそも「地理的に広い」というのは、陸上種にとっては難しい条件です。陸は海や川によって隔《へだ》てられていますし、山も移動の弊害《へいがい》になります。

そのため、「地理的に広い」という条件を満たす古生物は、主に海棲種《かいせいしゅ》となります。基本的に海は世界でつながっています。その海洋動物の運動能力の如何《いかん》にかかわらず、海流に乗って移動することもできます。

海棲種でも、大型種ほど個体数は少なく、小型種ほど多いという傾向は変わりません。そのため、サカナをはじめとする脊椎動物よりも、たとえば、アンモナイトのような無脊椎動物のほうが、示準化石として圧倒的に有用です。実際、私が大学時代・

大学院時代に行っていた研究では、アンモナイトや二枚貝類（幼生が海流に乗って広く拡散します）を示準化石として扱っていました。

さらに有用な古生物は、微生物の化石です。多くの海棲微生物が海流に乗って広く分布し、種の生存期間が短く、サカナはもちろん、アンモナイトと比べても、その個体数は圧倒的です。

もちろん、微生物の化石はあまりにも小さいため、野外の現場では認識できない、あるいは、認識しにくいという弱点もあります。そこで、研究者は地層から岩石を掘り出して持ち帰り、研究室で砕き、薬品で不要なものを溶かし、そして、顕微鏡を覗《のぞ》きながら微生物の化石を拾い出します。

手間はかかりますが、手のひらサイズの岩石でも、１００を超える個体数が含まれていることはママあります。

こうして、資源探査などの産業面では、小さいけれども個体数の多い小さな化石が重宝されているのです。

ちなみに、こうした顕微鏡がなくしては見えない化石を「微化石《びかせき》」と呼びます。微化石ではない化石は、たとえそれが1センチメートルほどの大きさであったとしても「大型化石」と呼びます。

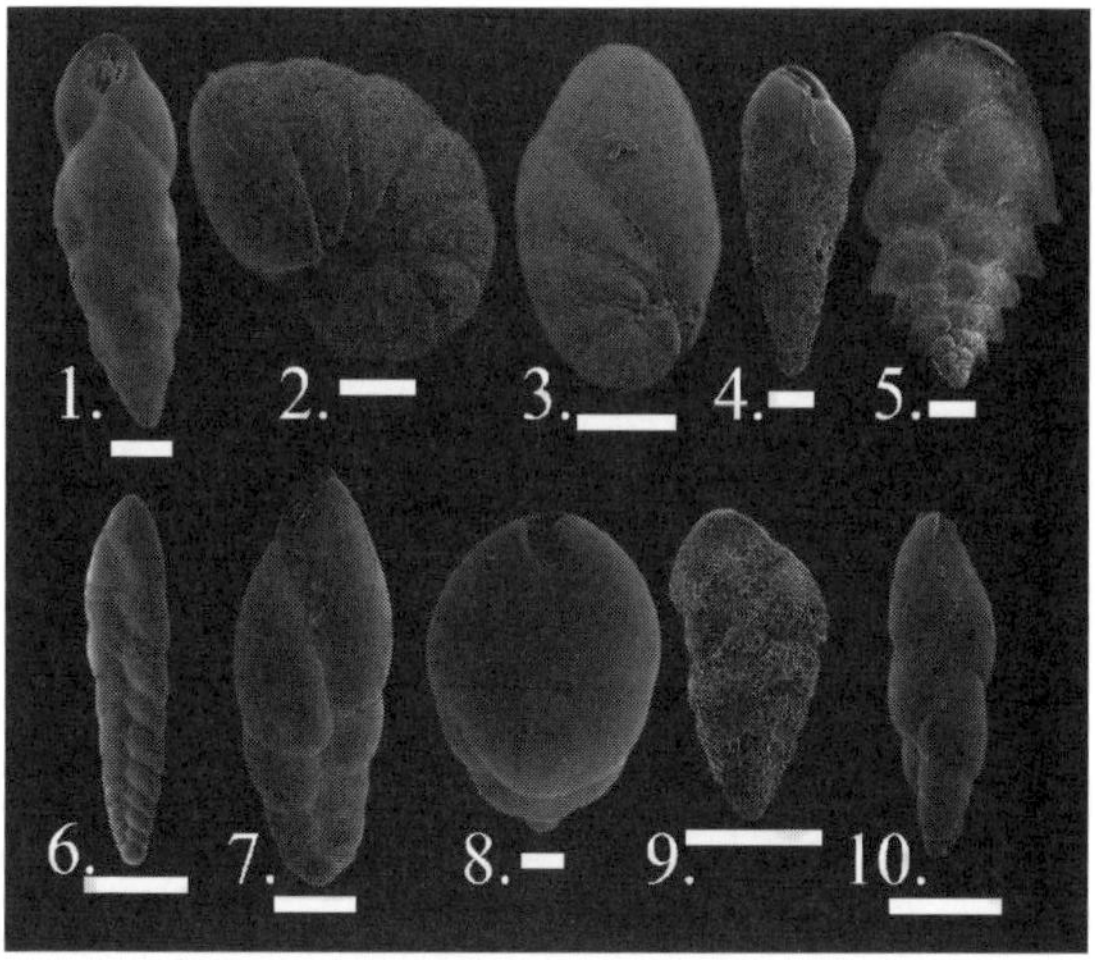

微化石の例。底生有孔虫　横棒は100マイクロメートル（ミクロン）
《撮影・写真提供：芝原暁彦》

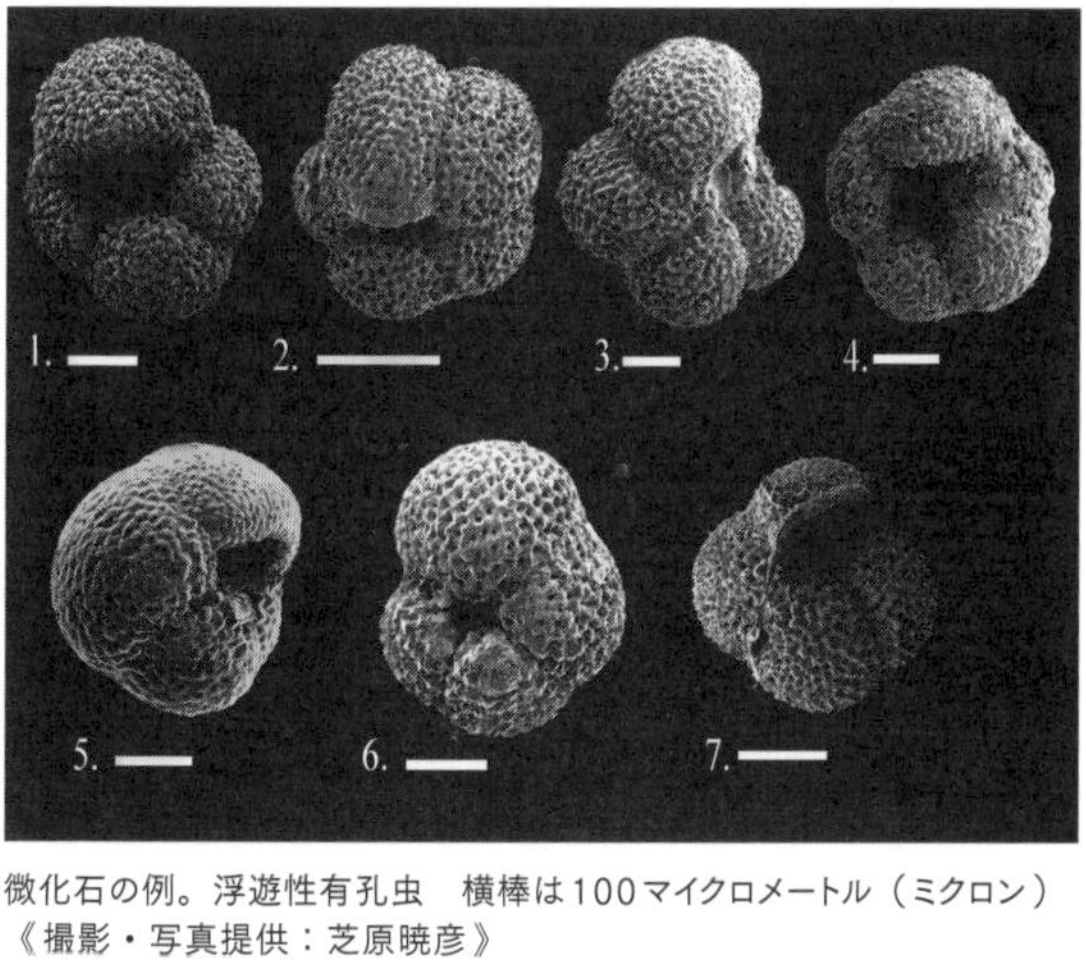

微化石の例。浮遊性有孔虫　横棒は100マイクロメートル（ミクロン）
《撮影・写真提供：芝原暁彦》

「化石の王様」は恐竜じゃない
——数と多様性の話

「化石」という言葉を聞くと、おそらく多くの方が「恐竜」を思い浮かべると思います。

たしかに、恐竜の化石は多くの注目を集めます。かつて、筆者がある自然史系の博物館で聞いたところによると、「恐竜の化石が展示されていると思って来館するお客さまも少なからずいます」とのことです。この話、ひとつの博物館ではなく、複数の博物館で聞いたことがあります。ちなみに、そうした博物館で展示されているのは、絶滅哺乳類やクビナガリュウ類の化石です（当時）。恐竜化石を目当てに来館した人々は、肩を落とすことになるのだとか。

しかし、古生物は恐竜だけではありませんし、恐竜以外の化石もたくさんあります。いや、むしろ、個体数と種の多様性からいえば、恐竜化石はけっして多数派ではありません。恐竜よりも個体数が多く発見されているもの、恐竜よりも種数がたくさん確認されている古生物は無数にいます。

そうした化石のなかで、「王様」と呼ばれる動物群がふたつあります。「三葉虫類《さんようちゅうるい》」と「アンモナイト類」です。

三葉虫類は、古生代に栄えた水棲の節足動物のグループです。古生代末に完全に絶滅し、子孫は残っていません。絶滅したとはいえ、グループとしての生存期間は、2億8000万年を超えます。これは、鳥類をのぞいた恐竜類よりも1億年以上も長いのです。鳥類を含めて、この長さにはかないません。発見されている個体数は膨大です。カンブリア紀に生息していたあるひとつの種だけでも、数十万個体以上あるとされています。その上で、種数は1万種を凌駕《りょうが》するというのです。

三葉虫類は形の多様性もとても豊か。扁平《へんぺい》で、まるで小判のようなシンプルな形の種もいれば、全身をトゲで武装した種、高速遊泳に適応してまるで戦闘機のような姿の種もいます。サイズ差も大きく、全長1センチメートルに満たない種もいれば、全長50センチメートルオーバーの種も複数報告されています。

こうした数と多様性に基づいて、「三葉虫類は化石の王様」と称されます。

そんな三葉虫類と並び立つ〝もうひとつの王様〟が、アンモナイト類です。実は、アンモナイト類には〝広義のアンモナイト類〟と〝狭義のアンモナイト類〟があります。〝広義のアンモナイト類〟は、学術的には「アンモノイド類」とも呼ばれています。王様として扱われるのは、〝広義のアンモナイト類〟ことアン

三葉虫の一種、ディクラヌルス・モンストローサスの化石。約5センチメートル、モロッコで産出　《写真提供：オフィス ジオパレオント》

モノイド類のことです。

アンモノイド類は古生代の半ばから中生代末まで3億年以上の歴史をもち、種の多様性はやはり1万種を超えます。個体数については具体的なデータはありませんが、こちらも膨大な数が発見されています。それこそ、日本の博物館で展示されている化石の数は、恐竜よりもこちらのほうが圧倒的多数です。個人で所有している人も多く、何を隠そう筆者もいくつか所有しています。

形の多様性も豊かであり、ぐるぐると殻が巻いた種のほかにも、まっすぐ伸びた殻の種やくねくねと曲がる殻をもつ種などがいました（このあたりは、第4章の「異常巻きアンモナイト」は、〝異常〟じゃない」にまとめていますので、のちほどゆっくりとご確認ください）。サイズもヒトの指先サイズから、ヒトの身長を超えるサイズまでさまざまです。

三葉虫類とアンモナイト類。

王様のおもしろさ、もっと多くの人々に知っていただいてもよいはず。筆者の「推し」です。

《もっと知りたい古生物》

古生物のサイズの測り方

本書には、さまざまな「サイズ」が登場します。「全長」「頭胴長《とうどうちょう》」「肩高《けんこう》」など。本書にかかわらず、古生物に関する書籍に頻出《ひんしゅつ》するサイズについて、まとめておきたいと思います。

○体長：一般的に多用されますが、実は漠然《ばくぜん》としていて「どこから」「どこまで」の長さを指しているのかが不明確です。筆者も初期の著作では「体長」と表現していましたが、近年ではこの単語は使わないようにしています。一般に「体長」という場合、「全長」もしくは「頭胴長」を指すことが多いです。

○全長：前後がはっきりしている動物の「鼻先（あるいは口先）」から「尾の先」ま

Column

での長さのこと。多くの無脊椎動物や、哺乳類以外の脊椎動物に使われることが一般的です。

○頭胴長《とうどうちょう》：主として哺乳類において、「鼻先」から「尾のつけ根」までの長さのこと。哺乳類の場合、爬虫類などのように尾が後方へと伸びるのではなく、つけ根から垂れ下がる種が多数派です。そのため、「尾の先」までを長さとして測量してしまうと、その種がもつ「大きさのイメージ」とかけ離れる可能性が高くなります。そのため、「尾のつけ根」までを基準とすることが主流です。

○肩高《けんこう》：文字通り、肩の高さを指します。ゾウ類に代表される大型哺乳類のサイズとして使われることが多くあります。

○身長：頭頂から踵までの長さ。人類のように、背筋を垂直方向へ伸ばし、直立二足歩行をする哺乳類のサイズとして一般的といえます。ただし、ダチョウやペンギンなどの「飛べない鳥類」の大きさを示すサイズとしてもよく使います。

Column

○翼開長《よくかいちょう》：文字通り、翼を広げたときの長さです。左の翼の左端から、右の翼の右端までの長さとなり、翼を持つ飛行動物のサイズとして使います。

○長径《ちょうけい》：アンモナイトなどの〝円《まる》いけれども完全な円形ではない殻〟を持つ動物に使います。殻の最も長いところを指します。

○殻幅《かくふく》：二枚貝類などのように殻を持つ動物において、「最も幅の広い場所のサイズ」です。

第3章

魅力的で魅惑的な古生物たち

アノマロカリスは“不思議生物”じゃない

――カンブリア「爆発」はなかった

アノマロカリスという全長50センチメートルほどの肉食動物がいました。種名は、「アノマロカリス・カナデンシス」です。学術的には「*Anomalocaris canadensis*」と書きます。

とても変わった姿をした動物です。全体的には、ナマコを伸ばしたようなからだつきです。そのからだの両脇には、それぞれ11枚のヒレが並んでいます。そのヒレとは別に、尾びれと思わしき構造も左右に3対ずつあります。

頭部は、その上面に近い位置から左右に短い軸が突き出ています。その軸の先には大きな眼。この眼をよく見ると、とても細かなレンズが並んでいます。トンボの眼と

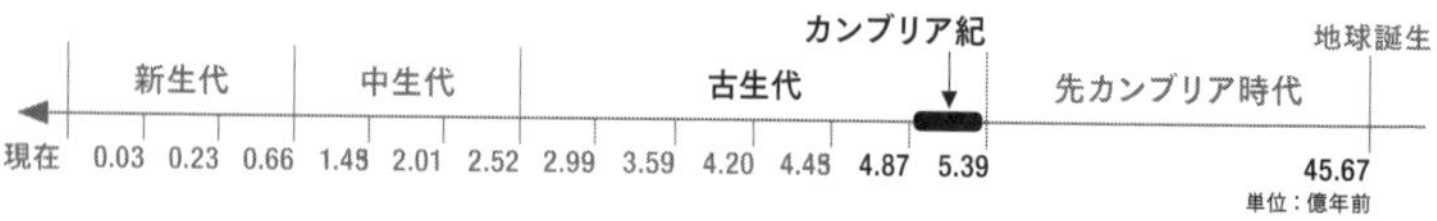

同じ、「複眼《ふくがん》」です。頭頂部には、カッパの皿を思わせるような円形構造があります。頭部先端付近からは、前方に向けて伸びる大きな〝触手〟が2本。この触手には節があり、それぞれの節から腹側に向かって、三叉《みつまた》の棘《とげ》が2対ずつ伸びています。そして、頭部の底には、細長いプレートが円形に並んだ「口」があります。この触手で獲物を捕まえて口に運びこむことができました。アノマロカリス・カナデンシスは、カンブリア紀の海洋世界で生態系の頂点に君臨していたとみられています。

アノマロカリスは1892年に最初に報告されました。このときに知られていた化石は、触手部分だけでした。論文を書いた研究者は、その化石を触手とは考えず、エビとみなしました。「*Anomalocaris*」という学名には、「奇妙なエビ」という意味があります。

その後、新たな化石の発見と研究が進んだことで、1980年代から現在の姿に近い復元がなされるようになりました。

日本でその姿が有名となったのは、1994年に放送された『NHKスペシャル 生命 40億年はるかな旅』がきっかけと思われます。ほかにも、ゲーム『ポケットモンスター』では「アノプス」というポケモンのモデルとなっています。アノマロカリスはフィギュアやぬいぐるみなども多数。とても人気のある生き物です。

その後、2010年代の研究で、頭部に甲皮、背にエラという姿に更新されています。しかし、姿は見えてきたものの、分類が定まらず、「分類不明の不思議生物」とみなされてきました。

そんなアノマロカリスが生きていた時代が、「カンブリア紀」です。

地球の誕生は約46億年前。そして、化石が多産して、生命史をしっかりと追いかけることができるようになるのは、約5億3900万年前です。カンブリア紀は、この約5億3900万年前から約4億8600万年前の期間に相当します。言い換えれば、「化石が多産して、生命史をしっかりと追いかけることができる最初の時代」といえます。

アノマロカリスは、カンブリア紀を象徴する生物として知られています。

カンブリア紀の地層からは、アノマロカリスに限らず、現代の常識から見れば、不思議な姿の生物の化石がたくさん見つかります。その一方で、サカナをはじめとする既知の動物グループの化石もたくさん見つかっています。

一方、カンブリア紀よりも前の地層からは、生物の化石は見つかるものの、その種類はカンブリア紀ほどではありません。

そのため、生物はカンブリア紀に突然、爆発的に、多様化したと考えられてきました。その規模は、アノマロカリスに象徴されるように、現在の〝常識〟を超えるほどの多様性があるとみなされていました。

この爆発的な多様化を、「カンブリア爆発」と呼びます。

……いや、かつては、そう、呼んでいました。

しかし、今世紀に入ってから、カンブリア紀の知見は大きく更新されました。

たとえば、アノマロカリスの分類（生命史における位置付け）が定まりました。かつては、不思議生物でしたが、現在では、節足《せっそく》動物（昆虫やカニ、エビ、三葉虫など）誕生の〝直前にいたグループ〟に位置付けられています。

ほかにも、「現代の常識から見れば、不思議な姿の生物」の多くは、現在の動物たちと同じ特徴をもっていることが明らかになり、現生動物たちとの関係がわかってきました。現在では「分類不明」とされるカンブリア紀の動物はごく少数です。そうしたごく少数の種も、今後の研究で所属が明らかにされる可能性は高いといえます。また、カンブリア紀よりも前の地層から見つかる生物の数も増え、その所属も明らかにされつつあります。

　こうして、「カンブリア紀に、現在の〝常識〟を超える爆発的な多様化があった」とはいえなくなりました。つまり、爆発的な多様化を指す言葉としての「カンブリア爆発」は不適となったのです。

　一方で、カンブリア紀以降の生物の多くには、からだが硬くなり、眼や歯や棘をもつなどの変化が見られます。こうした特徴は、カンブリア紀以前の生物にはほとんど確認されていません。

　そのため、近年では、カンブリア紀の生物に起きた急速な進化（硬質化など）を指して、「カンブリア爆発」と呼ぶことがあります。

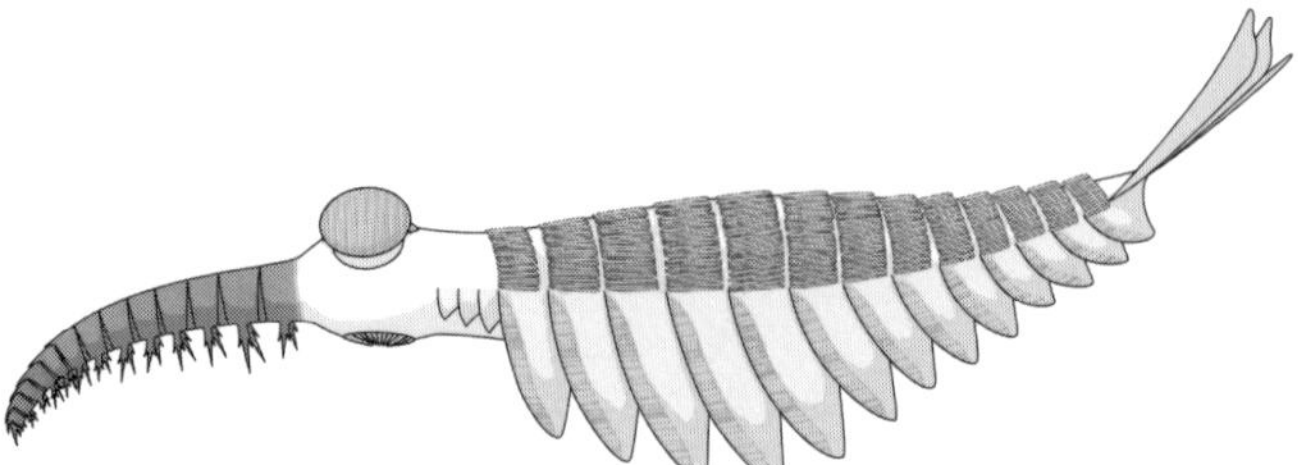

大きな“触手”が特徴的なアノマロカリス。
カンブリア紀の海洋世界の覇者だった

ターリーモンスターは、サカナか否か

——新説発表のたびに姿が変わる

古生物の世界は、謎だらけです。発見された化石のなかには、「生物の化石であることは間違いないと思われるものの、分類がわからない」というものも少なからずあります。そうした化石は、「プロブレマティカ（problematica）」と呼ばれています。前項で紹介したアノマロカリスの化石も、かつて、プロブレマティカでした。「ターリーモンスター」の二つ名をもつ「ツリモンストラム（*Tullimonstrum*）」の化石も、プロブレマティカとして知られています。

ツリモンストラムの化石は、全身が残っているもので長さが数十センチメートルほど。一見すると〝染み〟に見えるその形は前後に長く、大部分は一定の幅がありま

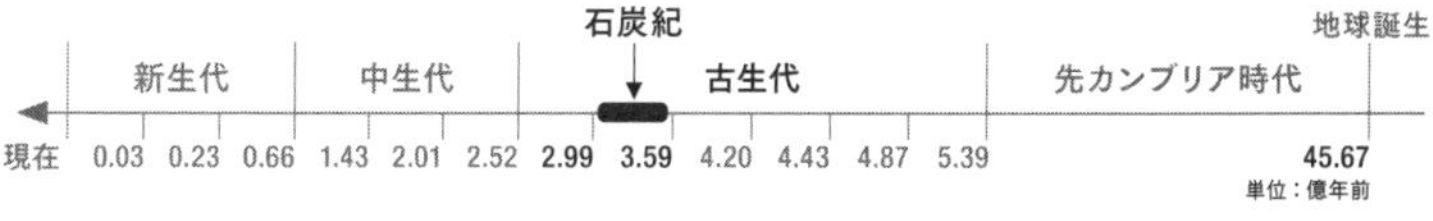

す。ただし、その一端は細長く伸び、その先にはハサミのような構造があり、その細長い部分の根本付近には左右にのびる軸と、その軸の先に小さな膨らみを確認できます。そして、もう一端には、菱形の構造があります。

この化石は、1966年にはじめて報告されました。その後、1969年に、水平方向に平たい胴体をもち、胴体の前端から細長いチューブをのばして、その先にハサミがあり、左右にのびた軸の先には眼がある、という姿が復元されました。菱形の構造は、尾びれであるとのことです。

なんとも珍妙な姿です。このような姿の現生種はいません。まさに謎。発見当時から注目を集め、諸説が発表されました。しかし、基本的には、プロブレマティカとして扱われてきました。二つ名である「ターリーモンスター」の「ターリー」とは、発見者であるフランシス・ターリーさんにちなんでいます。「ターリーさんの怪物」という意味ですね。

ツリモンストラムのおもしろい点は、その化石が豊富に発見されていることです。一般に、〝不思議な姿の古生物〟の場合、発見されている化石がごく少数で、しかもその化石が部分的なものばかりというケースがほとんどです。手がかりとなる化石が少ないため、生きていたときの姿を復元することが困難で、分類が特定できない、ということはよくあります。

しかし、ツリモンストラムの化石はとても多く、市場に流通しています。日本の博物館でもよく見ることができます。

これほど〝身近な存在〟なのに、プロブレマティカなのです。

そんなツリモンストラムをめぐる議論が、2010年代の後半からアツくなっています。

議論の発端は、イェール大学（アメリカ）のヴィクトリア・E・マッコイさんたちが、2016年に発表した、「The 'Tully monster' is a vertebrate（〝ターリーモンスター〟は脊椎動物だった）」という論文でした。

マッコイさんたちは、1200個以上のツリモンストラムの化石を調べて、「脳」「脊索《せきさく》」「軟骨」「鰓孔《えらあな》」といった特徴を見出したのです。そして、こうした特徴に基づいて、ツリモンストラムを「無顎類《むがくるい》」と位置づけました。無顎類とは、顎《あご》のないサカナのグループです。サカナということは、つまり、脊椎動物ということです。

現生の無顎類には、ヤツメウナギやヌタウナギがいます。こうした現生種を参考に、新知見を加えて復元が変更されました。少しぷっくらとしたからだをもつようになり、その側面には、鰓孔が並びます。サカナらしく、尾びれも垂直方向になりました。新たな化石が見つかったわけではなく、解釈の変更によって復元が変更されたのです。

しかし、2017年になると、ペンシルヴェニア大学（アメリカ）のローレン・サランさんたちが、マッコイさんたちの論文で「脊椎動物の証拠」として挙げられた特徴を検証

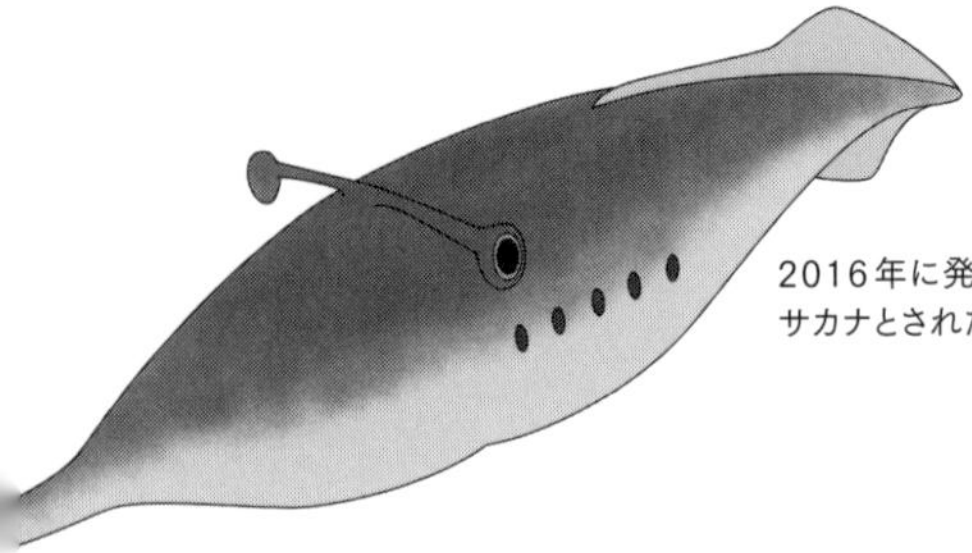

2016年に発表されたツリモンストラムのイメージ。サカナとされた。鰓孔が並んでいる

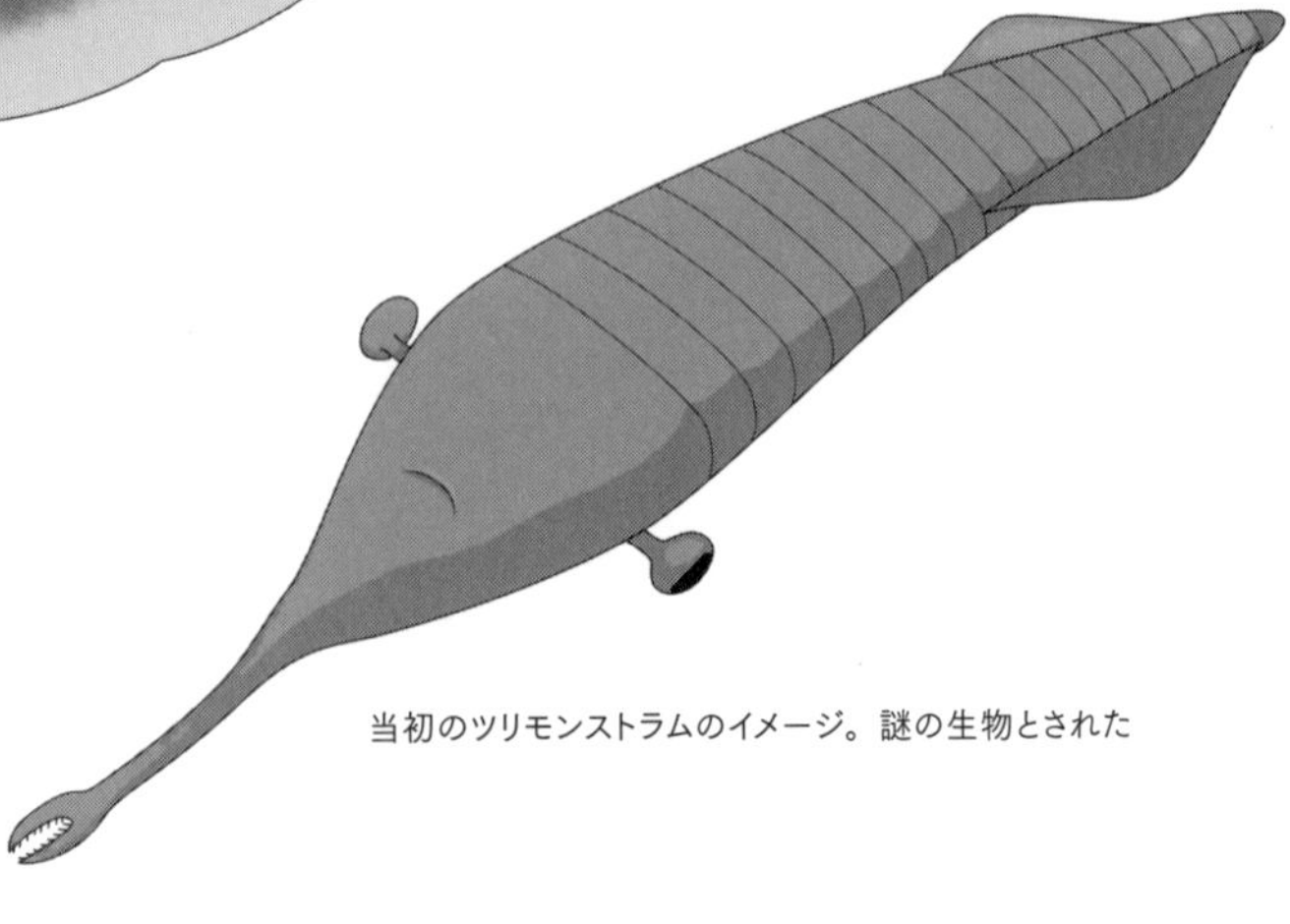

当初のツリモンストラムのイメージ。謎の生物とされた

し、「THE ‘TULLY MONSTER’ IS NOT A VERTEBRATE（〝ターリーモンスター〟は脊椎動物ではない）」と題した論文を発表しました。

　サランさんたちの論文の骨子を簡単にまとめると、マッコイさんたちが挙げた証拠は、いずれも〝見間違い〟であるとのことでした。これを受けて、復元は伝統的なプロブレマティカのものに戻りました。

　ところが、マッコイさんたちは、2020年に自説を補強する論文を発表します。ツリモンストラムの化石を化学分析したところ、化学的な組成は、脊椎動物の軟組織《なんそしき》（内臓や筋肉な

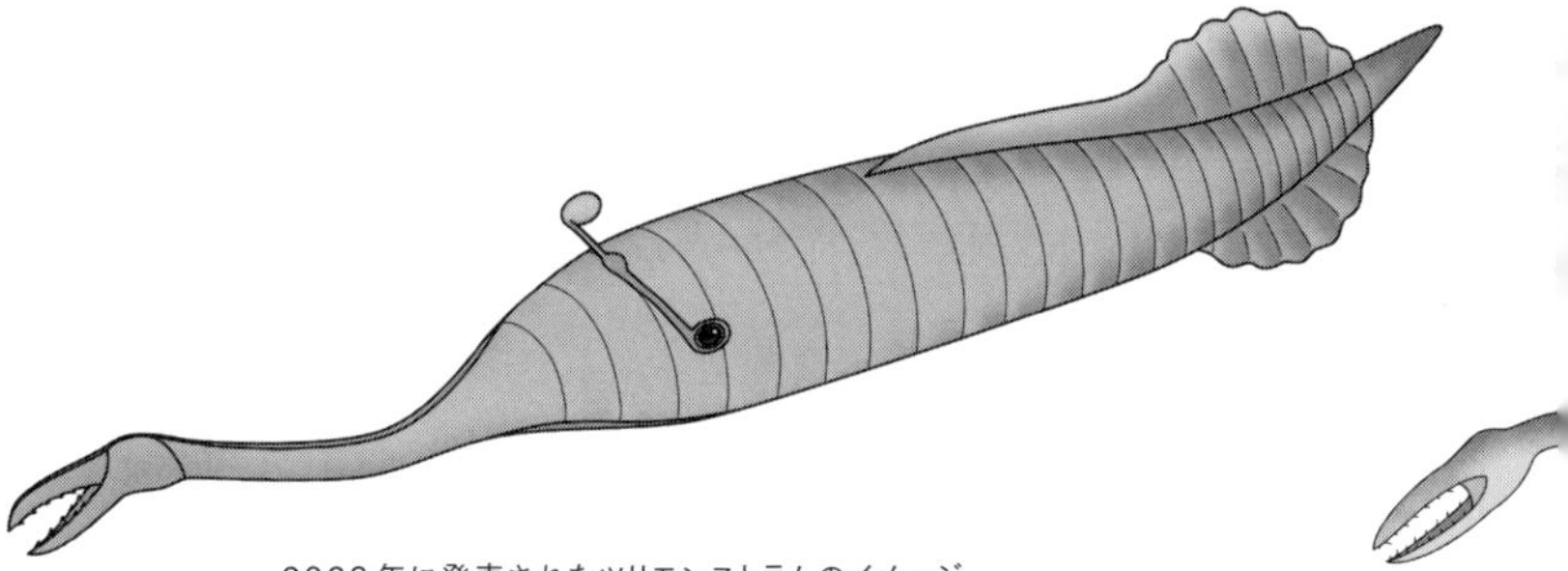

2023年に発表されたツリモンストラムのイメージ。
“謎”に戻った。頭部に節構造がある

ど）に近いと指摘したのです。

マッコイさんたちの指摘によって、再び〝サカナの復元〟に戻るかと思われていたのですが、２０２３年に日本の国立科学博物館の三上智之さんたちが新研究を発表します。

三上さんたちは日本国内の博物館が所蔵している合計１５３のツリモンストラムの標本の微細構造を徹底的に調べ上げ、ツリモンストラムの新たな特徴をいくつも発見しました。そのひとつは、マッコイさんたちの研究で「鰓孔《えらあな》」とされていた構造です。ここは、孔《あな》ではなく節構造《ふしこうぞう》であることがわかりました。そして、その節構造は、胴体だけではなく、頭部にまで存在していたことを指摘したのです。

脊椎動物の頭部には、節構造はありません。つまり、この発見だけでも、ツリモンストラムが脊椎動物である可能性はきわめて低くなりました。

この研究を受けて、復元は再度変更され、頭部まで節で分かれているという、なんとも不思議な生物となりました。再び、プロブレマティカに戻ったといえます。

ツリモンストラムの例は、研究の進展が必ずしも霧を晴らすものではないことを示唆しているともいえるでしょう。

◉ ツリモンストラム（ターリーモンスター）の正体

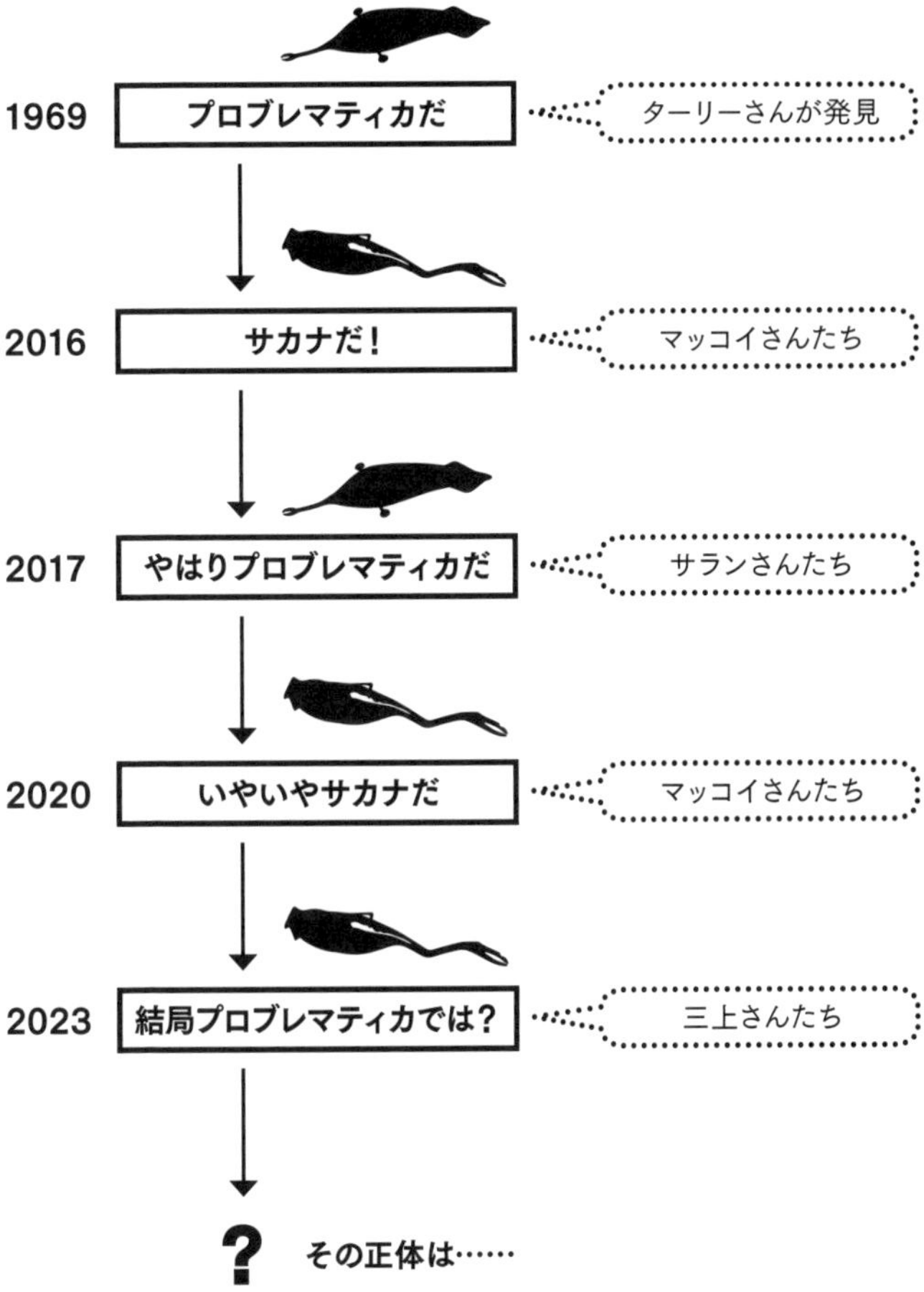

哺乳類型爬虫類は爬虫類じゃない

——哺乳類の祖先の進化について

どこかで見たことがある……。

「ディメトロドン（*Dimetrodon*）」を見て、そう感じる人は少なくないと思います。人によっては、「恐竜？　いや、違う？」などと思われるかもしれません。

全長は、3メートル超。畳《たたみ》を縦に2枚並べると、ちょうどその中に収まるという大きさです。からだつきは、大きなトカゲ。でも、背中には、細い骨の芯と、皮膚でできた帆がありました。

ディメトロドンは、「盤竜類《ばんりゅうるい》」と呼ばれるグループに属しています。恐竜類ではありません。盤竜類は、恐竜類が登場する直前の時代——ペルム紀の前半期のアメリカ

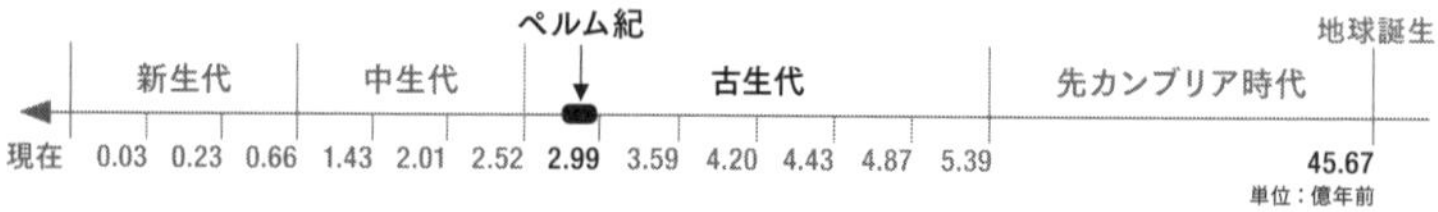

大陸に君臨した〝覇者級〟の肉食動物です。

ディメトロドンの属する盤竜類を指して、「哺乳類型爬虫類」と呼ぶことがあります。英語では、「Mammal-like Reptile」であり、直訳すれば「哺乳類のような爬虫類」という意味になります。

この言葉は、現在では、間違っています。もともと「哺乳類型爬虫類」という言葉には、「哺乳類と爬虫類の両方の特徴がある爬虫類」や「爬虫類から哺乳類が進化する途中の動物」といった意味が込められていました。しかし、現在では「爬虫類から哺乳類が進化」という考えそのものが否定されています。

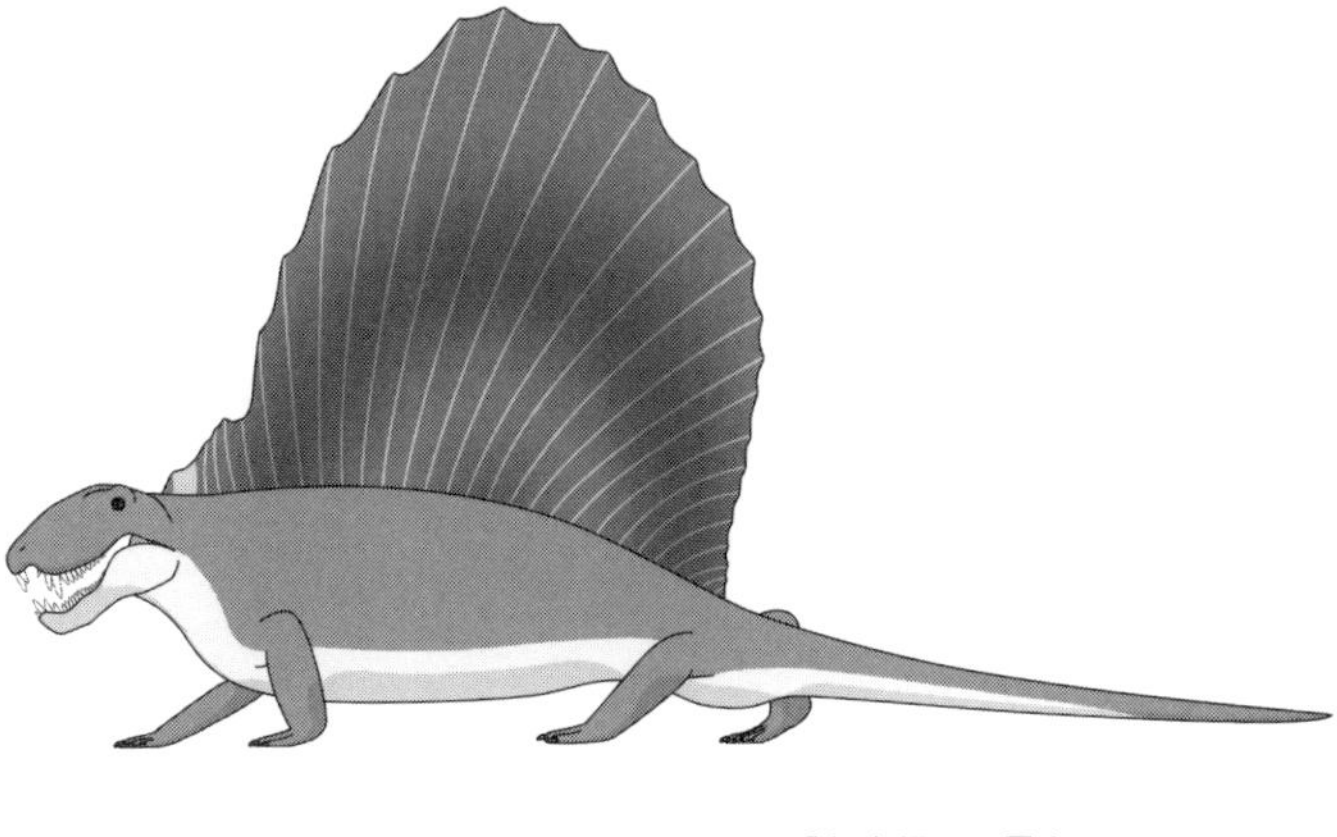

背中に大きな帆があるディメトロドン。恐竜とは違う「盤竜類」に属する

本書を読んでいる方の世代にもよると思いますが、長い間、脊椎動物《せきついどうぶつ》の進化はとてもシンプルなものと考えられてきました。つまり、最初に魚類があり、魚類から両生類に進化して、両生類から爬虫類に進化する。そして、その爬虫類から鳥類や哺乳類に進化する、というものです。いわゆる「教科書の知識」として、このように記憶している方は少なくないと思います。

しかし研究の進展によって、哺乳類は爬虫類から進化したグループではないことが明らかになりました。

では、両生類から進化したのかというと、これも厳密には、正確ではありません。そもそも、哺乳類は、より大きな分類群として「単弓類《たんきゆうるい》」というグループに属しています。また、爬虫類は、同じように、より大きな分類群の「竜弓類《りゆうきゆうるい》」に属しています。単弓類には、かつては、哺乳類以外にも多数のグループがありました。しかし、哺乳類以外のグループはすべて絶滅しています。同じように、竜弓類にも、爬虫類以外のグループがたくさんありました。

両生類というグループも複雑で、このグループには現在の両生類とつながる「平滑《へいかつ》両生類《りようせいるい》」というグループと、現在の両生類とはまったく別の複数のグループがありました。

単弓類と竜弓類は、〝平滑両生類ではない両生類のグループ〟から、それぞれ独立して進化しました。単弓類や竜弓類が登場した当初は、それぞれのグループにはまだ哺乳類や爬虫類は存在していません。単弓類の歴史が進むなかでやがて哺乳類が登場し、竜弓類の歴史が進むなかでやがて爬虫類が登場するのです。

そこで、ディメトロドンの属する盤竜類です。

見た目はトカゲ（爬虫類）のように見えますが、盤竜類は実は、単弓類のグループに属しています。

◉ 各脊椎動物の関係を示したイメージ図

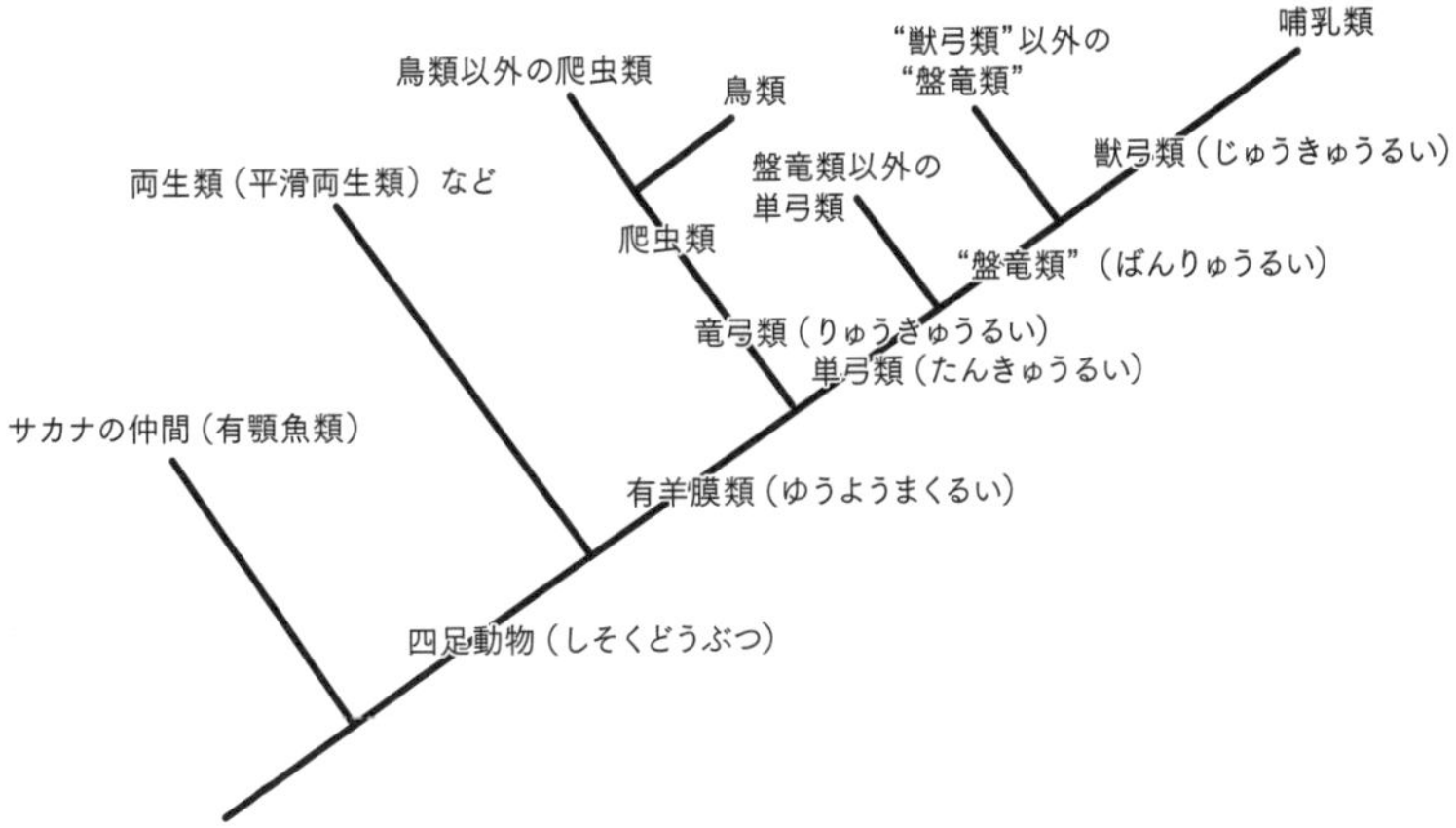

盤竜類が栄えたペルム紀には、まだ哺乳類は登場していません。

その意味では、獣弓類以外の盤竜類と哺乳類は、伯父・伯母とおい・めいの関係にあるといえるかもしれません。もっとも、哺乳類が登場したときには、盤竜類は滅んでいるのですが……。

いずれにしろ、盤竜類が爬虫類ではないことも、爬虫類から哺乳類が進化する途上の動物群でないことも、現在では明らかになっています。そのため、「哺乳類型爬虫類」という用語は、現在では不適なのです。

なお、実は「盤竜類」という言葉も、学術的には推奨されない傾向にあります。一言に「盤竜類」といっても、このグループには複数の系統が含まれていることが明らかになり、まとめて「盤竜類」と呼ぶことがふさわしくないとみなされているのです。

研究の進展は、ディメトロドンのように従来の分類ではくくれない動物群の存在を次々に明らかにしています。そのため、現在よく知られている「魚類」「両生類」「爬虫類」「鳥類」「哺乳類」の5大分類が通用するのは、あくまでも「現生種に限って」

のことであり、生命史を見れば、こうした分類群には分類することのできない脊椎動物がたくさんいたことがわかってきているのです。そうした分類群には、学界でも統一した見解がなく、呼び名が定まっていないものもあります。まさに日進月歩の世界といえるでしょう。

あ、ご注意ください。

「魚類」「両生類」「爬虫類」「鳥類」「哺乳類」の5大分類が生命史に適用できないからといって、学校のテストなどで、たとえば、「爬虫類と哺乳類は連続しない」のように書くと誤りとされる可能性があります。学校のテストなどでは、あくまでも、「教科書の知識」を用いることを推奨しておきます。

スピノサウルスは二足歩行？四足歩行？

——今、ホットな恐竜議論

スピノサウルス（*Spinosaurus*）は、背中に大きな〝帆〟をもつ恐竜です。その全長は、かのティラノサウルス（*Tyrannosaurus*）を上回る約15メートル。頭部は細長く、口には円錐に近い形の歯が並び、この歯の形状から魚《ぎょ》食《しょく》性《せい》と考えられています。２００１年に公開された映画『ジュラシック・パーク３』や、２００６年の『映画ドラえもん のび太の恐竜２００６』などにも登場する恐竜なので、「見たことがある！」という人も多いかもしれません。恐竜図鑑を開けば必ず載っている。そんな恐竜のひとつでもあります。

知名度の高い恐竜ですが、謎の多い恐竜としても知られています。

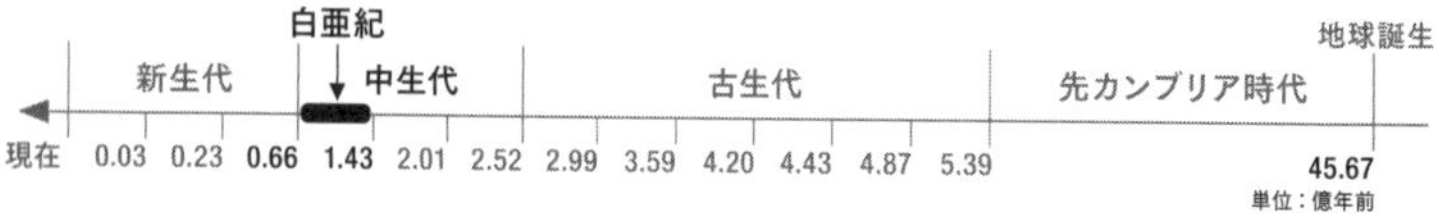

スピノサウルスの〝最初の化石〟は、１９１５年にドイツ人研究者によって報告されました。当時から現在に至るまで、スピノサウルスの化石は複数発見されていますが、この〝最初の化石〟を上回るクオリティの化石は知られていません。

しかし、この〝最初にして最良の化石〟は現存していません。第二次世界大戦中、保管していた博物館ごと爆撃を受けて、消失してしまいました。

古生物学の研究は、ひとつの化石を、多くの研究者が繰り返し観察し、議論を進めることで前に進んでいきます。スピノサウルスに関しては、研究上不可欠な〝最良の化石〟がありません。これは、研究上の大きな「弱点」といえます。

それでも、研究者たちは、１９１５年の論文や写真資料、戦後に発見された部分化石や近縁種の化石から、スピノサウルスの姿を復元してきました。その復元された姿を参考にして、フィクションに登場させた作品が、『ジュラシック・パーク３』や『映画ドラえもん のび太の恐竜２００６』なのです。

スピノサウルスが属するグループは、恐竜類のなかでも「獣脚類《じゅうきゃくるい》」と呼ばれています。獣脚類は、ティラノサウルスをはじめとするすべての肉食恐竜が属する分類群です。基本的に後ろ脚が長く、二足歩行をしていました。スピノサウルスもまた、同じように二足歩行をする姿として、2013年まで復元されていました。

2014年、そんなスピノサウルスの姿をめぐる議論が勃発《ぼっぱつ》しました。シカゴ大学（アメリカ）にいたニザール・イブラヒムさんたちが、後ろ脚が短く、四足歩行をしていたとする復元を発表したのです。

イブラヒムさんたちの復元（ここでは「2014年モデル」としておきましょう）は、獣脚類の恐竜としては例外的な姿です。しかも、足の指が長いために水かきがあり、さらに脚の骨が緻密であるために、水中でバランスがとりやすいことが指摘され、地上で歩くよりは、水の中を泳ぐことに適しているとされました。これも獣脚類として異例です。獣脚類に限らず、ほとんどの恐竜類は、水辺を歩くことはあっても、水の中では生活をせず、基本的には地上で生活していたとされているからです。

この新たな姿は大きな注目を集め、恐竜ファンを大いに驚かせました。

ただし、3Dスキャンや計測に基づくこの姿は、化石の新発見によるものではありませんでした。イブラヒムさんたちは、1915年の論文、その後に発見された部分化石のほかに、近縁種の化石も対象として、それらのデータをコンピューターに取り

2013年まで考えられていた二足歩行のスピノサウルス

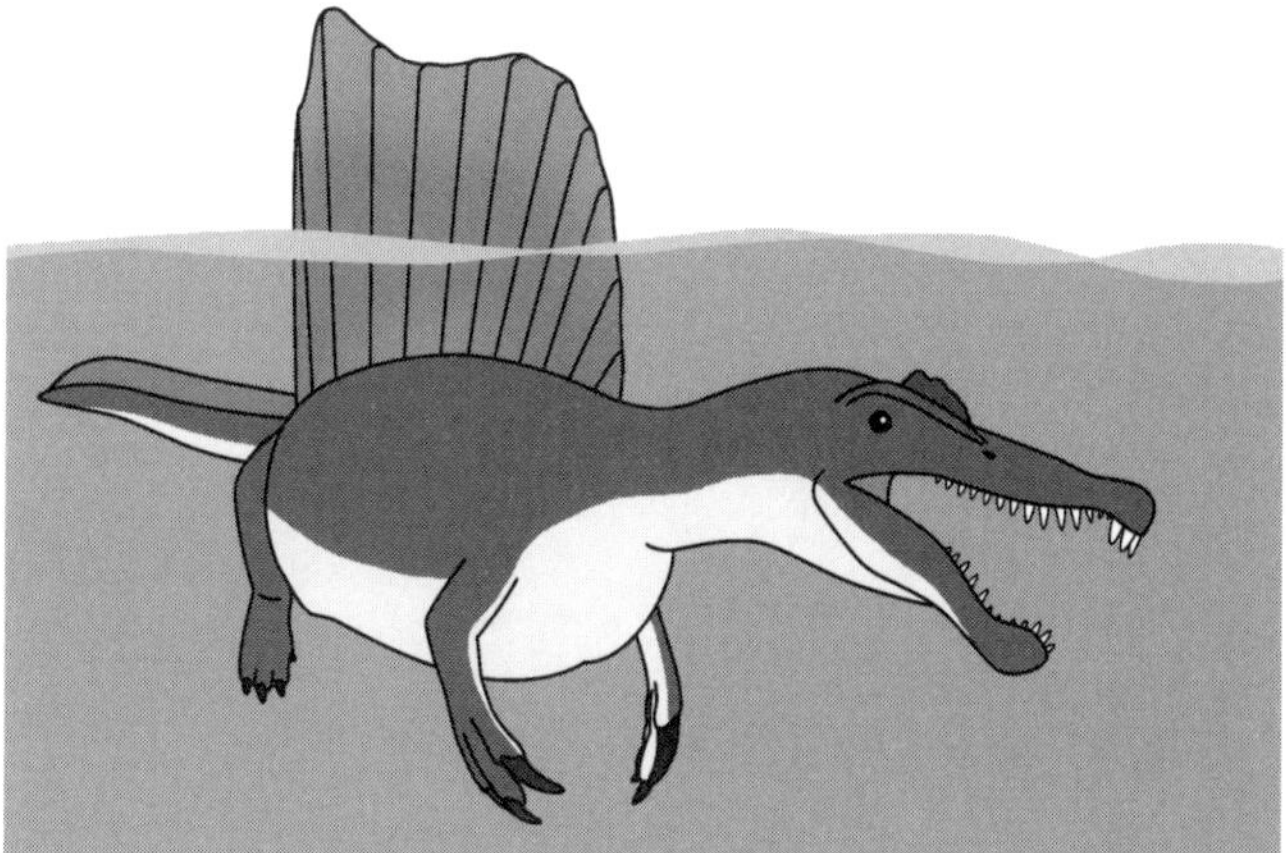

2014年モデルのスピノサウルス。
四足歩行で水かきがあり、水中でバランスがとりやすい

込み、大きさなどを調整して、コンピューター上で組み立て、2014年モデルをつくりあげたのです。実際に「後ろ脚の短いスピノサウルスの全身化石」が発見されたわけではありません。

イブラヒムさんたちは、その後も2014年モデルを補強する証拠を発表していきます。2020年にはスピノサウルスの「尾の化石」を報告しました。それは、高さのある化石で、イブラヒムさんたちは水中を泳ぐ際に役立った「尾びれがあった」としました。つまり、2014年モデルは更新《アップデート》され、「2020年モデル」となったわけです。

もっとも、「議論が勃発した」と紹介したように、すべての研究者がイブラヒムさんたちの復元を受け入れているわけではありません。

尾びれが発見されたとはいえ、「後ろ脚の短いスピノサウルスの全身化石」はいまだに発見されておらず、もとより、2020年モデルの根幹たる2014年モデルを裏付ける決定的な化石がないのです。化石は、古生物学が依《よ》って立つ基本です。その化石がないままの復元は、やや〝危険〟です。

実は、2014年モデルは、ロイヤル・ティレル古生物博物館（カナダ）のドナルド・M・ヘンダーソンさんによって、水中でバランスが取れないことが2018年に指摘されていました。

また、2020年モデルに対しても、2021年には、クイーン・メリー・ロンドン大学（イギリス）のディヴィッド・W・E・ホーンさんとメリーランド大学（アメリカ）のトーマス・R・ホルツ・ジュニアさんが「〝2020年モデル〟の尾びれでは、水中を遊泳するための十分な力を出すことができない」と、指摘しています。

さらに、2022年になって、シカゴ大学のポール・C・セレノさんが、スピノサウルスの骨格などを厳密に計算し、従来の二足歩行の復元が正しいこと、水中を移動するよりも地上を歩くことが向いていることなどを指摘しました。ちなみに、セレノさんは、2014年モデルを提唱した研究者のひとりです。

知名度の高い恐竜であっても、化石の証拠が弱いと議論を呼ぶことになります。これがまた、古生物学のおもしろいところですが、図鑑をつくる出版社には悩ましいものとなりますし、メディアも続報をきちんと追わないと〝古い仮説だけを報じる〟ことになりかねません。

ティラノサウルスの食生活を知る方法

——うんこ化石に〝詰まっているモノ〟

ティラノサウルス（*Tyrannosaurus*）の「うんこの化石」があります。

この一文で、ふたつの疑問が浮かびませんか？

ひとつは、「うんこって、化石になるの？」ということ。もうひとつは、「なぜ、ティラノサウルスのうんことわかるのだろう？」ということ。

最初の疑問に関しては、結論としては、うんこも立派に化石になります。ティラノサウルスのものに限らず、化石となったうんこは「コプロライト（coprolite）」と総称されます。

一般に、硬い物質のほうが化石になりやすいとされています。骨や殻などが化石と

してよく残ります。一方、内臓や筋肉などの軟らかい物質は、硬い物質と比べると化石になりにくいとみられています。

しかし、これはあくまでも「確率」の話です。軟らかい物質は、化石になりにくいのであって、化石にならないわけではありません。骨や殻に比べると、動物が一生涯に排泄《はいせつ》するうんこの量は膨大です。確率が低くとも、数が膨大であれば、化石となるうんこだって出てきます。こうした化石は、足跡や巣穴などとあわせて「生痕化石《せいこんかせき》」と呼ばれています。なお、骨や殻などの生物本体の化石は、「体化石《たいかせき》」と呼ばれています。

ここで、新たな疑問が出てきませんか？

なぜ、「ティラノサウルスのうんこ」とわかるのでしょうか？　だって、そうでしょう？　誰もティラノサウルスの排泄シーンを見たわけではないのですから。

この疑問に関しては、1998年にこのコプロライトを報告したアメリカ地質調査所のカレン・チンさんたちが〝答え〟を用意しています。チンさんたちがまず注目したのは、その大きさです。

それは、長さ約44センチメートル、高さ約13センチメートル、幅は16センチメートル、体積は約2・4リットルに達していました。ペットボトルより大きなサイズです。

しかもこの体積は、あくまでもコプロライトとしてのもの。つまり、化石となって、カチコチの状態になっている大きさです。化石になる過程で脱水し、圧縮されているはずです。〝排泄したてのホヤホヤ〟の状態であれば、もっと大きかったと想像することは難《かた》くありません。

からだの大きな動物が小さなうんこをすることはありますが、小さな動物が大きなうんこをすることはありません。

このような条件に基づくと、これほど大きなコプロライトを残している以上、〝主〟は大型の動物だったと考えることができます。

また、チンさんたちがこのコプロライトの内部を調べたところ、小さな骨片《こっぺん》が多く含まれていました。そして、そのコ

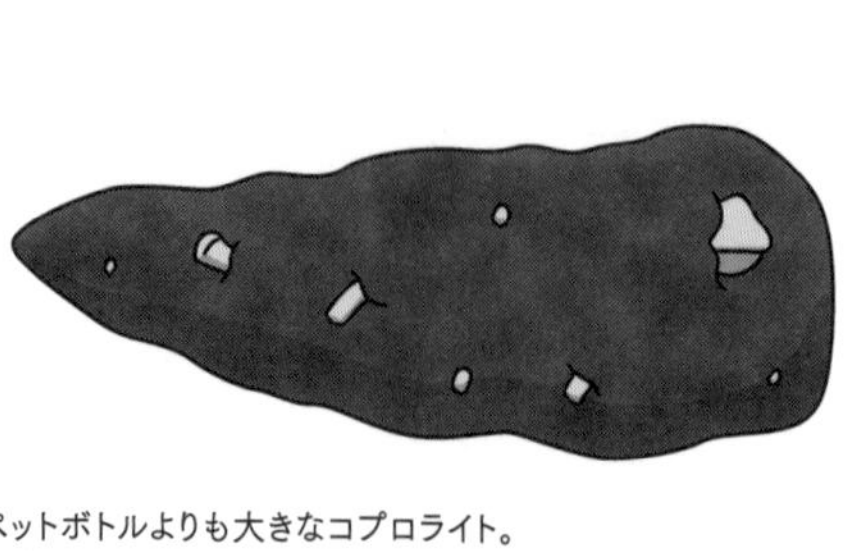

2リットルのペットボトルよりも大きなコプロライト。
中に小さな骨片が多く含まれていることから、巨大肉食恐竜のものだったとわかる

プロライトの化学成分は、リンとカルシウムに富んでいたそうです。リンとカルシウムは、動物の骨をつくる元素のひとつです。つまり、このコプロライトは、肉食動物が排泄したのだとわかります。獲物を骨ごと食べて、消化されなかったものが骨片として排泄された、というわけです。

この2要素から、〝主〟を「大型の肉食動物」にまで絞り込むことができます。

次に、このコプロライトを含んでいた地層が注目されました。それは、カナダのサスカチュワン州に分布する白亜紀末期の地層でした。この地層からは、いくつかの恐竜化石が発見されています。その恐竜化石のなかで唯一、「大型の肉食性」であるものが、ティラノサウルスだったのです。

こうして、証拠に基づいた推理を重ねることで、チンさんたちは、このコプロライトの〝主〟を、ティラノサウルスと特定したのでした。

逆説的に、このコプロライトの発見は、ティラノサウルスの生態を説明することにもつながります。すなわち、ティラノサウルスは、「獲物を骨ごと食べる」という食生活をしていたことが見えてきます。このコプロライトが報告されるまで、ティラノサウルスは、その大きな顎《あご》や丈夫な歯から「きっと獲物を骨ごと食べるのだろう」と推測されていましたし、それが可能だったことを示す分析結果もあります。このコプロライトは、そうした推測や分析が正しかったことを示しているのです。

チンさんたちは、骨片を詳しく分析し、それがトリケラトプス（*Triceratops*）のような角竜類《つのりゅうるい》のものであるということ、その角竜類の大きさは約750キログラムであったということ、骨片の一部が未消化だったということを明らかにしました。約750キログラムという値は、トリケラトプスとしてはまだ若い個体といえます。成長したトリケラトプスの体重は、9トンに達するとみられているからです。

また、未消化ということは、少なくとも、このティラノサウルスの胃腸の状態が完璧ではなかったことを示すかもしれません（ティラノサウルスのコプロライトはほかに見つかっていないため、胃腸の状態については、この個体の体調によるものなのか、あるいは種として共通する特徴なのかは不明です）。

コプロライトをはじめとする生痕化石は、体化石からはわからない古生物の生態を、かくも克明に描きだします。古生物の生き様を知る上で、生痕化石の研究はとても重要なのです。

鳥類は、恐竜類の「生き残り」

——鳥類の初期進化について

いわゆる「恐竜図鑑」を開くと、羽毛に包まれた恐竜たちが多数描かれています。世代によっては、そして、久しぶりに図鑑を開く人のなかには、〝違和感〟を覚えた方もいることでしょう。

今や、多くの恐竜たちが羽毛をもっていたことは当たり前。なにしろ、恐竜類には鳥類が含まれており、とくに肉食恐竜たちは、鳥類に近縁であることは明らかになっているのです。そのため、化石で羽毛が発見されていなくても、鳥類に近縁な種を中心に羽毛を描くことは、スタンダードになっています。

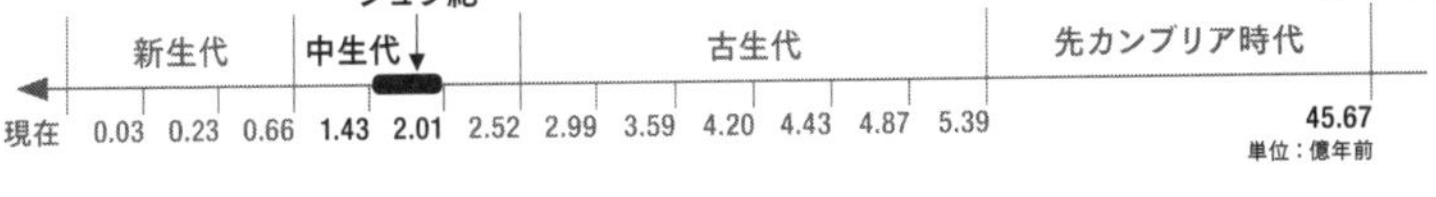

はじまりの鳥に見る

実は、鳥類と恐竜類の関係は、チャールズ・ダーウィンの時代——19世紀の段階で、すでに指摘されていました。

そのきっかけとなったのは、「アルカエオプテリクス（*Archaeopteryx*）」の化石です。「*Archaeopteryx*」という学名は、「太古の翼」を意味します。もっとも、日本語で書いたほうが、親しみがあるかもしれません。日本語では、アルカエオプテリクスを「始祖鳥」と呼んでいます。ここから先は、この日本語名を使うことにしましょう。

始祖鳥の化石は、ドイツに分布するジュラ紀後期の地層から発見されました。その全長は約56センチメートル、翼を広げたときの左右幅（翼開長《よくかいちょう》）は、75センチメートルに達しました。サイズとしては、現代のハシブトガラスの全長が約57センチメートルなので、ほぼ同じ大きさです。

もっとも、「ほぼ同じ大きさ」ですが、プロポーションがかなり異なります。現生のカラスの尾はきわめて短く、個々の骨がくっついて一体化していますが、始祖鳥には個々の骨が独立してつながっている長い尾がありました。これは、恐竜類——というよりも、尾をもつ四足動物の特徴です。

また、始祖鳥の口には歯がありました。現生の鳥類には歯がありません。さらに、始祖鳥の前脚の先端、つまり、前足には鋭い鉤爪《かぎづめ》がありました。これは、肉食性の恐竜類の特徴といえるでしょう。

胸を見ると、翼を羽ばたかせるための筋肉が付着する「竜骨突起《りゅうこつとっき》」という骨が、始祖鳥にはありません。

しかし、翼は現生の鳥類と同じです。羽根の形が、現生の鳥類と同じ左右非対称でした。つまり、「風切羽《かぜきりばね》」と呼ばれる飛行用の羽根だったのです。

このことは、始祖鳥は滑空することはできても、力強く空へ舞い上がることができき

長い尾をもち歯がある始祖鳥（アルカエオプテリクス）

なかったことを意味しています。

　現生鳥類の特徴と、恐竜類や爬虫類などと共通する特徴がモザイクのように混ざり合っている。それが始祖鳥なのです。

　なお、近年になって、始祖鳥の脳構造の解析によって、現生鳥類と同じように空間把握能力があったことが示されています。飛行能力は未発達でしたが、脳は飛行に向けて〝準備〟を完了していた可能性があるのです。

進化の〝境〟が見えなくなってきた

　実は、今世紀になってからのさまざまな発見によって、恐竜類のなかで、鳥類と、非鳥類型の恐竜類の境が不鮮明になってきています。それもそのはずです。進化はいっきに進むのではなく、少しずつ進むものだからです。多くの発見によって、鳥類誕生のステップが細かく見えてきているのです。

　しかし、そのために、鳥類と鳥類ではない恐竜たちとの線引きが難しくなってきました。

そこで、始祖鳥をひとつの区切りとして、始祖鳥に始まる進化の系譜を、「鳥類」と呼ぶとされています。つまり、始祖鳥は、まさに「はじまりの鳥」と位置付けられているのです（あくまでも、「最初《はじまり》の鳥」であって、「祖先」ということではありません）。

その後、白亜紀になると、歯がなくなってクチバシになっている種、尾の骨が癒合して短くなった種、竜骨突起が発達していた種などが段階的に、そして、急速に現れます。その結果、恐竜時代には鳥類は高い多様性を獲得するに至りました。

◉ 恐竜と鳥類の関係

「最大級」の恐竜が抱える謎

——超大型恐竜ほど、全身の化石は珍しい

恐竜類というグループは、陸上生命史上、最大の恐竜たちを擁《よう》しています。その恐竜たちは、「竜脚類《りゅうきゃくるい》」と呼ばれるグループをつくります。小さな頭、長い首、樽《たる》のような胴体に、柱のように太い四肢、そして、長い尾という特徴の恐竜たちです（細かな違いはありますが、竜脚類の恐竜たちはみな似たような姿をしています）。竜

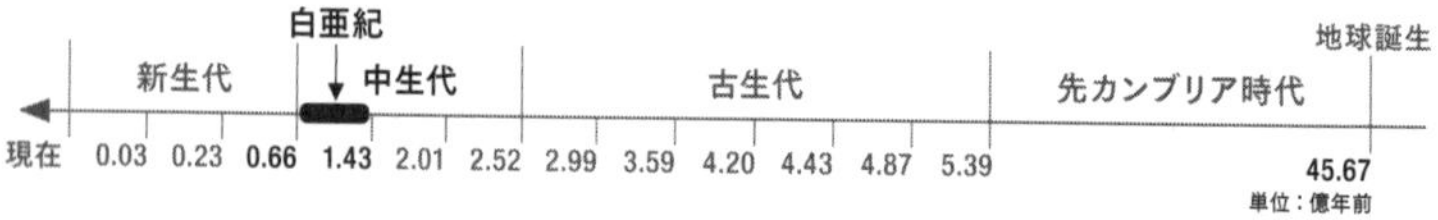

脚類には、全長20メートル超の種も数多く存在し、そのなかには全長30メートルを超えるものも少なからずいたようです。

恐竜の「最大」は、あいまい

２０１７年に報告されたアルゼンチン産の竜脚類「パタゴティタン（*Patagotitan*）」もそうした超大型種のひとつ。「史上最大級の恐竜」のひとつとして知られています。その全長は約37メートルとされていますから、現代日本における大型の観光バスを3台連ねても、まだ及ばない長さです。

さて、その大きさに圧倒されて見落とされているかもしれませんが、「最大級」と

史上最大級の竜脚類パタゴティタン。
全長約37メートルもあったとされる

いう単語は、実は不思議な言葉です。

一般的にいえば、「最大」とは「最も大きい」こと。「最も」は、「唯一無二」を指す単語です。本書執筆現在、日本で最も高い建物は、東京スカイツリー（634メートル）。日本で最も高い山は、富士山（3776メートル）。最も長い橋は、東京湾アクアブリッジ（4425メートル）で、最も長いトンネルは、首都高速道路の山手トンネル（18・6キロメートル）です。それぞれ、唯一無二です。更新されれば、それぞれの「最」は、別の対象へと移ります。

しかし、恐竜類の大きさにおける「最大」には、必ず「級」の文字がともないます。実は、「最大」と断言できる恐竜はいないのです。これは、不思議……ではありません。

誤解を恐れずに書いてしまえば、超大型恐竜のサイズは「およそ、このくらい」という値でしかないからです。正確な数値がわからないのに、唯一無二の「最大」をつけることはできません。そこで、「およそ、最大っぽいサイズ」というニュアンスを内包した「最大級」となっているのです。

なぜか？

それは、鳥類をのぞく恐竜類はすべて化石でしかその存在を知ることができないこと、そして、化石は大きなものほど残りにくいという点が原因です。

化石化のメカニズムをおさらいしながら、大型種のケースを考えてみましょう。

大きければ大きいほど、化石は不完全となる

そもそも大型種ほど個体数は稀です。基本的に、大型種は小型種よりもよく食べます。世界が大型種ばかりだとしたら、生態系はあっというまに崩壊してしまいます。

化石になるためには、遺体が地中に埋もれなければいけません。大型種の全身が地中に埋もれるためには、それなりの量の堆積物が必要です。もしも埋没漏れがあれば、肉食動物たちに見つかって食べられてしまうかもしれません。風雨にさらされて、自然崩壊してしまうかもしれません。

無事、全身が地中に埋もれたとしても、それで安心、というわけにはいきません。地殻変動が起きたとき、たとえば、断層が複数できたとしたら、小型種であれば、断層と断層の〝間にある地層〟に残って、破損を免れることもあるでしょう。しか

し、大型種であれば、全身のどこかが断層に巻き込まれ、壊されてしまうかもしれません。

いざ、発見のとき、となっても、からだのどこかが地層から露出していれば（露出していないと発見できないわけですが）、発見と採集が遅れるほど、風雨で削られ、損傷していきます。失われた部分は、二度と戻りません。

かくして、大型種の化石は、必然的に部分化石となります。いまだかつて、すべての部位が発見されている超大型恐竜は存在しないのです。

先ほど紹介した「史上最大級の恐竜」のひとつであるパタゴティタンは、首の骨の一部、肩の骨、肋骨の一部、尾の骨の一部などしか発見されていません。それでも、「最大級」とされる竜脚類のなかでは、部位が残っているほうです。「最大級」とされる竜脚類のなかには、もっと少ない部位から全長値を推測している例もあります。

パタゴティタンの場合、幸運にも複数個体の化石が確認されています。復元にあたっては、そうした複数個体の化石をもちよって、それぞれの標本で欠けた部分を補っています。それでもまだ欠けた部位もあり、そうした部位に関しては近縁種を参考に推測されています。

これは、パタゴティタンに限りません。大型恐竜たちは、総じて、こうした方法で全長値が推測されています。つまり、絶対的な、完全に保存された、唯一無二の化石に基づいた値ではなく、「推測」という解釈をともなう研究結果としての値です。

もちろん、同じ種であっても、個体差はあります。37メートルよりも大きな個体がいた可能性も否定できません。これは、ほかの超大型種にとっても同様です。

私たちは「最大」が好きです、と少なくともマスメディアはそう考えているようです。そのため、超大型種が発見されたり、そうした種をともなう恐竜展が開催されたりすると、「最大級」という言葉がひとり歩きし、「〇〇こそが最大」という雰囲気がつくられます。しかし実際のところ、「最大級」とされる恐竜たちのなかで、どの種がいちばん大きかったのかは、わからないのです。

《もっと知りたい古生物》

恐竜類から哺乳類へ

約6600万年前の中生代白亜紀末、メキシコのユカタン半島に落下した小惑星が地球の生態系を大きく変えました。陸上では、すべての大陸を〝支配〟していた恐竜類が絶滅し、〝制空権《せいくうけん》〟を握っていた翼竜類も姿を消しました。海では、クビナガリュウ類などの大型海棲爬虫類や、アンモナイトも滅んでいきます。そして、新たに哺乳類の時代の開幕となるのです。

……このように書くと、まるで〝滅ぶ恐竜類〟から〝無傷の哺乳類〟へ、生態系のトップの座が速やかに移行したかのような印象を受けるかもしれませんが、現実はここまでパキッと鮮明な変化があったわけではありません。

たしかに、恐竜類は白亜紀末の大量絶滅事件で滅んでいます。ただし、「恐竜類」

という グループが完全に滅んだわけではなく、恐竜類の1グループであった「鳥類」が絶滅事件を乗り越えて、その後の時代に命脈をつないでいます。鳥類に関しても、大量絶滅事件の影響が皆無というわけではなく、白亜紀に栄えた樹上生活種を中心に多くのグループが姿を消しています。

哺乳類についても同様です。

中生代の間に、哺乳類は多様化を遂げていました。水棲種も飛行種も登場し、1メートル近いからだを持つ大型種も現れました。ただし、そうした種の多くは白亜紀末の大量絶滅事件前に衰退し、姿を消していたか、あるいは、絶滅事件を契機に滅んでいます。

絶滅事件を乗り越えた哺乳類のグループは、わずかに4つ。その4つのなかのひとつは、ほどなく滅んでいますので、実質的に命脈をつなげることができたのは、たった3つです。私たちは、この3つのグループのひとつ、「真獣類《しんじゅうるい》」に属しています。残りのふたつは、カモノハシの仲間で構成される「単孔類《たんこうるい》」と、カンガルーの仲間である「後獣類《こうじゅうるい》」です。

3つのグループのうち、単孔類はもともと少数派です。一方、真獣類と後獣類は、ともに「獣類」というグループに属するという近縁関係にあります。白亜紀の間は、どちらが優勢といえるほどの差はありませんでしたが、新生代の地球では真獣類が後獣類を圧倒します。

2018年にカンピナース州立大学（ブラジル）のマティアス・M・ピレスさんたちが発表した研究によると、真獣類と後獣類の〝台頭力《たいとうりょく》〟の差は、「新たな種が生まれやすい」という〝出現率〟が原因なのかもしれないとのことです。

真獣類は、絶滅事件で大きな打撃を受け、多くの種類が姿を消しました。しかし、その絶滅率を上回るように、当時、新たな種類が現れていたとのこと。つまり、真獣類というグループのなかで、きわめて急速に、その構成員の入れ替わりがなされていたのです。

後獣類も、絶滅事件で大きな打撃を受け、多くの種類が姿を消しました。真獣類と違って、新たな種類はさほど出現しなかったそうです。

真獣類の高い出現率の原因は、遺伝的なものなのかもしれませんが、原因は特定されていません。

Column

恐竜類が滅び、ポッカリと空いた〝地位〟に、かろうじて生き延びた真獣類が進出していった。真獣類は、持ち前の〝出現率〟の高さで、その〝地位〟を素早く獲得することができた、ということなのかもしれません。

その後、真獣類は短期間の間に多様化することに成功し、併せて、大型化も成し遂げていきます。現生のグループが出揃って、〝哺乳類時代〟への移行を果たすことになります。そして、恐竜類の〝生き残り〟である鳥類は〝制空権〟を握るようになり、地上の哺乳類と同等以上の繁栄を構築しているのです。

第4章

生物の進化で地球がわかる

「異常巻きアンモナイト」は、〝異常〟じゃない

　アンモナイト、と聞けば、「ああ、あれね」と何となく姿を思い浮かべることができる人も多いのではないでしょうか（そうであってほしいと思います）？

　古生物のなかでは、メジャーともいえる生き物ですが、実は、「アンモナイト」とは、特定の種を指す言葉ではありません。正確には、「アンモナイト類」と呼ばれるグループです。タコやイカ、オウムガイなどと同じ「頭足類《とうそくるい》」をつくるグループのひとつです。「タコ類」「イカ類」「オウムガイ類」などと同じように、アンモナイト類にもたくさんの種がいます。「平面上でぐるぐると螺旋《らせん》を描く殻をもつ〝典型的なアンモナイト〟」も、種によっては、殻の太さが異なったり、殻の上に「肋《ろく》」と呼ばれ

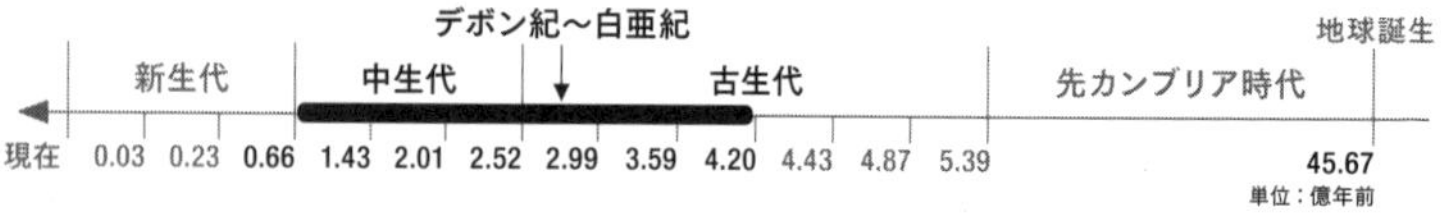

る凹凸があったり、殻の上にイボやトゲが発達していたりします。

一方、アンモナイト類のなかには、「平面上でぐるぐると螺旋を描く殻」をもたない種もたくさんいました。そうしたアンモナイト類は、「異常巻きアンモナイト」と呼ばれています。ちなみに、異常があれば正常もある、というわけで、「平面上でぐるぐると螺旋を描く殻をもつ〝典型的なアンモナイト〟」を「正常巻きアンモナイト」と呼びます。

異常巻きアンモナイトは、「異常」という言葉こそ使いますが、別に病的な異常や進化的な異常があるわけではありません。単純に、正常巻きアンモナイトの形ではない種、というだけです。

異常巻きアンモナイトの形は、なかなか多様です。殻の螺旋がまるでバネのように立体的に巻いている種や、殻がまっすぐ棒になっている種、殻がまっすぐ伸びては180度のターンを繰り返すという種、まるでサザエのような形をしている種などさまざまです。

そうした異常巻きアンモナイトのなかでも「特級品」といえるような種類を紹介し

ておきましょう。

名前は、「ニッポニテス（*Nipponites*）」です。「*Nippon*」には「日本」、「*ites*」には「石」という意味がありますから、「*Nipponites*」は「日本の石」ということになります。この名が示唆するように日本を代表する古生物のひとつであり、日本古生物学会のシンボルマークにもなっています。

サイズは、多くの標本で手のひらに乗るほどの大きさです。その大きさで、殻は、

異常巻きアンモナイトの「特級品」ニッポニテス。
立体的で複雑に巻いた殻が特徴

日本古生物学会のシンボルマーク。
日本古生物学会の許諾を得て掲載

立体的に、複雑に巻いています。その巻き方は「ぐねぐね」という言葉だけではとても表現できず、「ヘビが複雑にとぐろを巻いたような」あるいは「複雑な毛糸玉のような」と形容されることが多い形です。まさしく「異常」。

しかし、よく見ると、その殻は一定の間隔で、アルファベットの「U」の字を描きながらねじれ、よじれ、そして殻口《かくこう》に向けて、次第に太くなっていくことがわかります。ちなみに「殻口」とは、殻の末端で開いている部分のことです。頭部や腕などを殻の外に出していたと見られています。

1904年に最初の化石が報告された当初は、その〝異常感〟から「進化の袋小路的な存在ではないか」との指摘もあったようです。その理由のひとつは、当初、ニッポニテスの化石がひとつしか見つからなかったからです。〝進化の末期〟だからこそ、衰退していて少数しか生きていなかったのではないか、というわけですね。

しかしその後、ニッポニテスの化石は次々と発見されるようになりました。現在では、多くの博物館で完全体や、完全体に近い標本を見ることができます。個人で所有する人もいて、実は筆者も不完全な標本をひとつもっています。

個体数が少ないことから「進化の袋小路的な存在ではないか」と指摘されていまし

たが、これほどの数が知られている現在では、進化の袋小路的な存在や病的・遺伝的な奇形であるという見方は否定されています。

むしろ、生物が死んで化石となる確率がきわめて低いことを考えれば、こうして複数の化石が見つかるという事実こそが、往時には一定数以上が存在し、栄えていた証拠となるでしょう。異常な形に見えても、彼らはその形でしっかりと繁栄していたのです。「異常」と「繁栄」の因果関係がはっきりとわかっていないのは、単純に科学がまだそこまで進歩していないからです。

なお、1980年代には、ニッポニテスの殻の形成パターンが〝数式〟で再現できることが示されています。つまり、一見して「異常な殻」であっても、実は規則性があり、そして〝理にかなった存在〟だったことが今から40年以上も前に明らかになっているのです。

ニッポニテスは典型的な例ですが、多種多様な異常巻きアンモナイトには、それぞれ形の理由があり、そして、進化の因果関係もわかるようになっています。この言葉に惑わされて、異常巻きアンモナイトを「ざんねんな形」と指摘するのは、あまりにも無知といえるでしょう。異常巻きアンモナイトの「異常」は、異常ではないのです。

恐竜絶滅の〝トリガー〟は、隕石でほぼ確定。しかし……

今から約６６００万年前、巨大な隕石が地球に落下しました。

その隕石の大きさは、直径約10キロメートル。東京でいえば、池袋駅から田町駅までの直線距離にほぼ相当する大きさです。

衝突のエネルギーは、広島型原子爆弾の10億倍に相当し、マグニチュードは11以上に達したと計算されています。２０１１年の東北地方太平洋沖地震のマグニチュードが９・０です。マグニチュードは、数字が１上がると、エネルギーは約32倍になります。すなわち、このときの隕石衝突は、東北地方太平洋沖地震の約１０２４倍のエネルギーをもたらしたことになります。

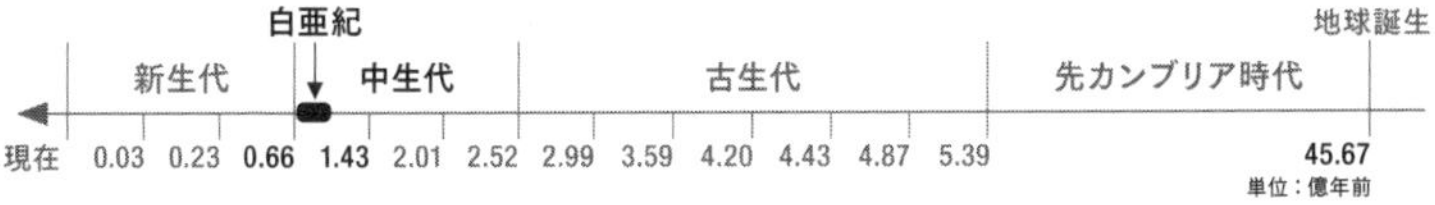

衝突によって地殻の表層が粉砕され、その微小な破片が大気中に舞い上がり、長期間にわたって太陽光を遮ることになったと考えられています。その結果、地球の気温が低下して、「衝突の冬」と呼ばれる寒冷期が到来しました。

これによって植物が枯れ、生態系が崩壊します。植物食動物が滅び、植物食動物を食べていた肉食動物が滅んでいきます。鳥類をのぞく恐竜類は、このときに滅びました。この大量絶滅をもって白亜紀は終了し、恐竜時代で知られた中生代も終わることになります。

この一連の物語は、一般的には「隕石衝突説」と呼ばれています。

隕石衝突説が定着するまで

隕石衝突説は、1980年に提唱されたものです。このとき注目されたのは、「イリジウム」という元素でした。イリジウムは、地球表層にほとんど存在しない元素です。しかし、白亜紀末につくられた地層には高い割合で含まれていました。地球表層にほとんどないのであれば、宇宙からもたらされたのではないか、と考えられます。

もちろん、イリジウムだけでは根拠としては弱く、はたして隕石衝突の一撃だけで大絶滅が勃発したのかどうか、という指摘がありました。何よりも、大絶滅をもたらすほどの隕石が、いったいどこに落ちたのか、ということが当初はわかっていませんでした。

そのため、1980年代において隕石衝突説は、「注目の仮説」というレベルでした。当時、ほかにもいくつかの仮説があり、たとえば、巨大噴火説なども有力な仮説のひとつとしてみられていました。イリジウムに関しても、地球表層にないのであれば、地球深部からマグマとともに噴き上がってきたのではないか、とされていました。

しかし1991年になって、メキシコのユカタン半島先端の付近に直径180キロメートルという巨大クレーターがあることが報告されました。

その後も続々と隕石衝突説を支える証拠が報告されました。

そして、2010年には、フリードリヒ・アレクサンダー大学エアランゲン=ニュルンベルク（ドイツ）のペーター・シュルツさんたちが、それまでの隕石衝突説の研究を統括する論文を発表しました。この論文には、世界中のさまざまな分野の研究者が著者として名を連ね、その数は実に41名におよんでいます。この論文では、「隕石衝突が大量絶滅の引き金になったと結論する」と力強く断言されました。

隕石衝突説に反する仮説がないわけではありません。しかし、１９８０年以降の研究で提出されたさまざまな証拠を統括的に説明できる仮説は、隕石衝突説だけです。たとえば、巨大火山噴火説はイリジウムを説明できるかもしれませんが、クレーターの存在を説明することはできないのです。

「物語の細部」に挑む

研究の最前線は、大量絶滅の原因よりも、大量絶滅の物語の細部の解明に移行しつつあります。

たとえば、２０１７年、東北大学大学院の海保邦夫さんと気象研究所の大島長さんは、大量絶滅をもたらしたのは、大気中にばらまかれたすすであるとして、その原料となる有機物が堆積していた場所は、地球表層のわずか13パーセントにすぎないことを指摘しました。そのわずか13パーセントの一地域であるユカタン半島に隕石が衝突したことが、生命史の大転換点となったのです。運が悪かったとしかいいようがありません。

2022年には、インペリアル・カレッジ・ロンドン（イギリス）のジョアンナ・V・モルガンさんたちが、隕石衝突にともなう環境や古生物の変化について、さまざまな研究をまとめた論文を発表しています。この論文のなかで、複数のコンピューターシミュレーションの解析によって、最初の1〜3年間に急激に地球気温が低下したことを示しました。最大で気温は20℃ほど寒くなったようです。

まさしく「衝突の冬」。生態系を崩壊させるのには、十分な気候変動です。

その後、ゆっくりと気候は温暖化し、衝突から6〜8年間ほどがすぎた頃には、衝突前と比べてマイナス10℃ほどには回復していたことが示されました。「マイナス10℃」というのも相当な値ですが、別の研究では、植生が数年で回復していた（あるいは、回復し始めていた）ことが示されています。6〜8年という日本の義務教育期間ほどの極寒期が、恐竜たちを滅ぼしたのかもしれません。寒冷化により植生が変化し、恐竜たちが生きていけなかった可能性があります。多くの種が外温性（変温性）

だったと見られる恐竜類にとっては、そもそも「寒い」ことは大敵で、活動レベルを大きく落とします。このことも絶滅に関係した可能性があります。

そのほかにも、衝突によって〝酸性雨を発生しやすい物質〟が巻き上げられたため、酸性雨が多く、海洋酸性化を招き、プランクトンに打撃を与えていた可能性があることなどが報告されています。こうして「絶滅がどのように起きたのか」が見えてきています。

まだまだ謎もあります。なぜ、鳥類をのぞく恐竜類がすべて滅んだのか。恐竜類に近縁であるワニ類はなぜ生き残ったのか。鳥類や哺乳類は、大量絶滅を乗り越えた種もいれば、滅んだ種もいます。彼らの滅びと生存を分けた分水嶺《ぶんすいれい》は何だったのか。

研究者の挑戦は、続いているのです。

かつてクジラはオオカミのような姿で、陸を歩いていた

クジラ。大きなものでは全長が30メートルを超える水棲《すいせい》動物です。また、水族館でお馴染みのイルカもクジラの仲間です。

クジラは、私たちと同じ哺乳類です。つまり、遠い祖先は、同じであったはず。哺乳類は、恐竜時代（中生代）から陸で進化を重ねてきた動物群ですから、クジラの祖先ももともとは、陸上動物だったはずです。

いろいろな動物の遺伝情報（ゲノム）を調べると、近縁種であれば、その情報は似ていて、遠くなるほど違いが多くなっていきます。ゲノムに注目することで、現生動物における〝近縁関係〟は、かなり詳しくわかっています。そして、クジラ類のゲノ

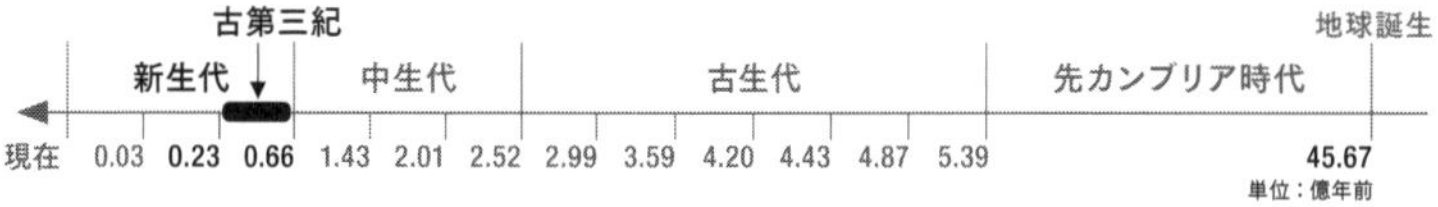

ムが調べられた結果、偶蹄類《ぐうているい》（カバやウシの仲間）のゲノムとよく似ていることが明らかになっています。

つまり、クジラ類は、偶蹄類のなかに祖先がいたのです。

そんな祖先に「最も近い」と言われている動物は、インド北西部に分布する約４６００万年前（新生代古第三紀始新世）の地層から化石が発見されている「インドヒウス（*Indohyus*）」です。もちろん、この名前は、化石の産出国にちなんでいます。

インドヒウスは、頭胴長《とうどうちょう》（口先から尻までの長さ）が40センチメートルほど。尾も同じくらいの長さがあります。カバの仲間

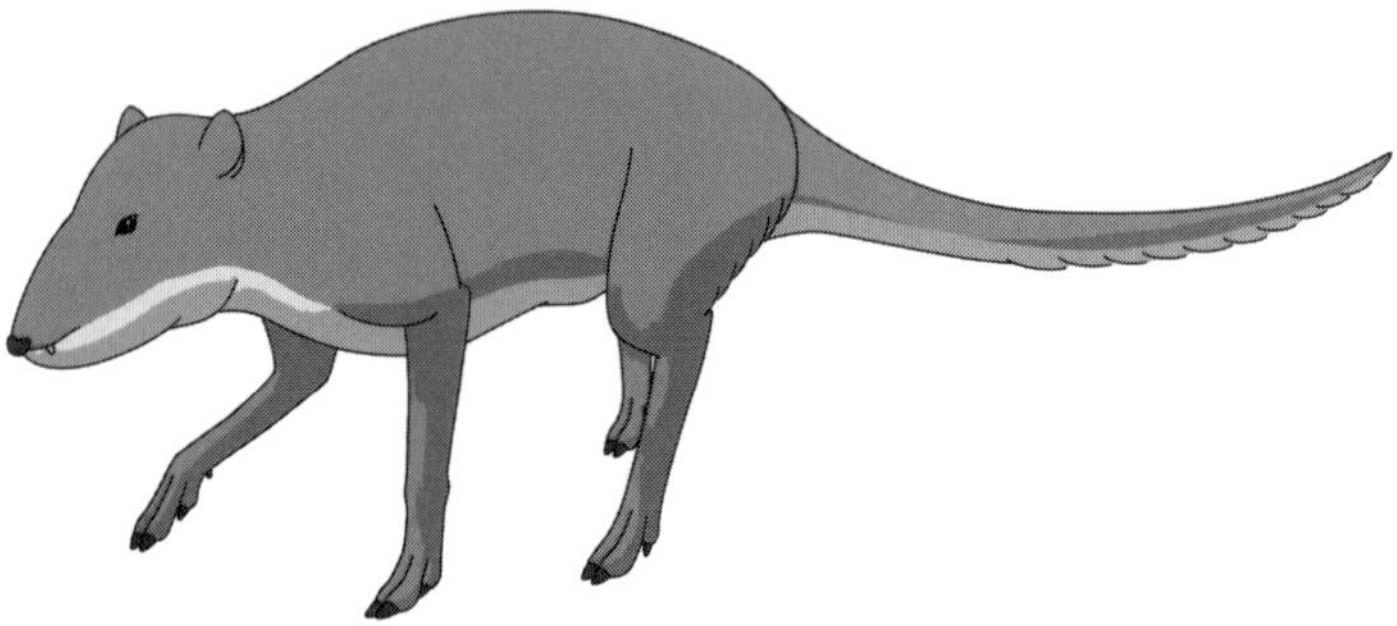

クジラの祖先に最も近いといわれる偶蹄類インドヒウス。
陸上動物と水棲動物両方の特徴をもつ

……というよりは、マメジカを彷彿《ほうふつ》させるような、すらりとした姿をしています。クジラの仲間らしい特徴は、一見しただけではわかりません。

しかし、骨と歯を化学分析した結果は、その生涯で少なくとも一定期間以上、インドヒウスが水中ですごしていたことを示していました。また、耳の骨は、空気中よりも水中で音を拾いやすいつくりでした。一方で、歯の化学分析結果は、陸上植物を食べていたことも示していました。

つまり、インドヒウスには、水棲動物と陸上動物の両方の特徴があったのです。インドヒウスの研究者のひとり、ノースイーストオハイオ医科大学（アメリカ）のJ・G・M・シューウィセンは、著書『歩行するクジラ』（東海大学、原著は2014年、邦訳版は2018年）のなかで、インドヒウスの生活の基本は陸上にあったものの、危険を感じた場合は川や湖に逃げていたのではないか、と指摘しています。

さて、インドヒウスは、「偶蹄類のなかにいるクジラ類の祖先（に最も近い）動物」です。

つまり、インドヒウス自身はクジラ類そのものではありません。

実は、インドヒウスとほぼ同じ時代、同じ地域には、原始的なクジラ類がいたこともわかっています。その名前は、「パキケトゥス（*Pakicetus*）」。この名前が示唆するように、「同じ地域」ではありますが、インド北西側の隣国であるパキスタンから化石が見つかっています。つまり、クジラの初期進化に関する重要な化石は、インドとパキスタンの国境付近で産出しているのです。

パキケトゥスは頭胴長1メートルほどで、吻部《ふんぶ》（口先）の先端がシュッと長く伸びていました。一見すると、オオカミなどに近い印象を受けるかもしれませんが、まず、眼の位置が異なります。オオカミなどと比べると、パキケトゥスの眼は鼻梁《びりょう》（鼻すじ）に近い高い位置にあり、そして、やや上向きでした。

この眼の配置と向きは、パキケトゥスが水棲種であることを示唆しています。なにしろ、現生のワニ類に近い眼と向きなのです。つまり、ワニのようにからだの大半を水中に潜め、眼とその周囲だけを水面から出すことができたのです。パキケトゥスの歯を見ると、鋭い形状で肉食向きでした。水中に身を潜めながら、水を飲みにきた陸上動物を狩っていたのかもしれません。

パキケトゥスは、知られている限り最も古いクジラ類です。インドヒウスのような、水中に潜ることもあった動物から、水中暮らしをする動物へ。そんな進化があったことを物語っています。

クジラ類はその後、海へ進出します。やがて、四肢はひれになり、後ろ脚は退化して小さくなっていきます。眼は頭部の側面につき、3次元世界である水中で、広い視覚を確保できるようになりました。からだは流線型になり、水の抵抗が少ないものへと変わります。そして、一部のクジラ類は、「エコロケーション」と呼ばれる能力を獲得するに至ります。エコロケーションとは、超音波を発し、その反射波をキャッチして、周囲の様子を探る能力です。

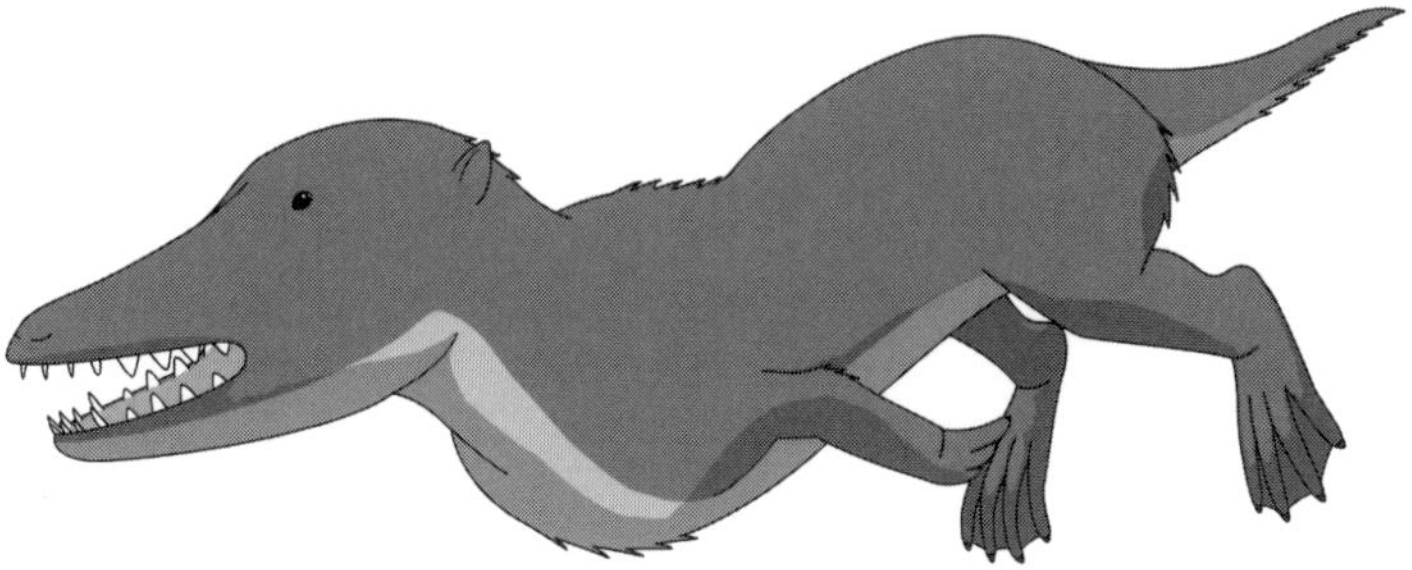

最も古いクジラといわれるパキケトゥス。
からだの大半を水中に潜めて暮らしていたとされる

こうしてつづると、クジラ類の進化は、かなり解明されているように見えるかもしれません。しかしインドヒウスやパキケトゥスが、なぜ、水中に進出したのか、どうして、河川に留まらずに海へと進んだのか。その理由がよくわかっていません。水中進出した場所が、なぜ、パキスタンとインドの国境付近だったのかも不明です。

この謎を解くためには、追加の調査と発見が必要です。しかし、2000年代以降、この地域の治安は、かなり悪い状況が続いています。専門家が立ち入ることができず、クジラ類の初期進化の解明は、やや足踏み状態にあります。古生物学の進展には、平和が欠かせないのです。ダメ、戦争。反対です。

日本で小さく進化したゾウ

——生息地の広さと進化の関係

現代日本には野生のゾウは生息していません。しかし、かつての日本列島は、多様なゾウが暮らす「ゾウ大国」だったことがわかっています。有名どころでいえば、瀬戸内海を中心に各地で化石が発見されている「ナウマンゾウ（*Palaeoloxodon naumanni*）」。ナウマンゾウの化石は、東京23区内からも報告があります。また、北海道からは、「ケナガマンモス（*Mammuthus primigenius*）」の化石も見つかっています。

　こうしたゾウたちのなかには、大陸からやってきて、小型化した仲間がいました。「ステゴドン（*Stegodon*）」の名前（属名）をもつゾウたちの系譜です。

　今から約５３０万年前（新生代新第三紀中新世）、中国大陸から「ステゴドン・ツダ

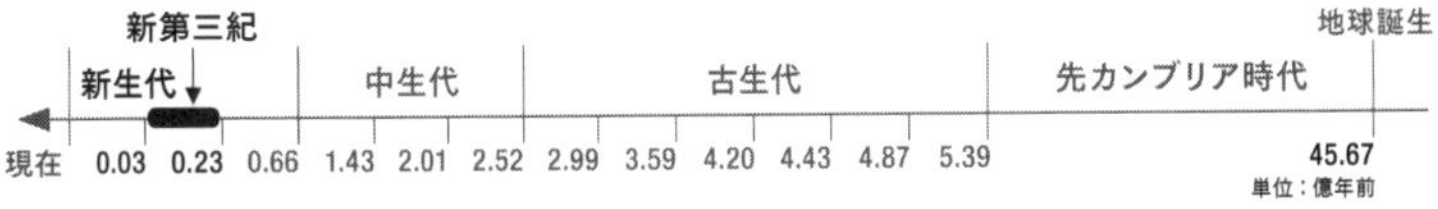

ンスキー（*Stegodon zdanskyi*）」が日本列島にやってきました。化石は宮城県から発見されています。

ステゴドン・ツダンスキーは、「ツダンスキーゾウ」、あるいは、「コウガゾウ」とも呼ばれます。まっすぐ伸びた長い牙こそ目立ちますが、一見してゾウの仲間とわかる風貌です。肩の高さ（肩高《けんこう》）が3・8メートルほどもありました。現生のアフリカゾウ（*Loxodonta africana*）の大きな個体とほぼ同じ大きさです。現代日本の一般向け住宅を例にとると、1階と2階が吹き抜けの空間であればなんとか入る、というサイズです。

ステゴドン・ツダンスキーの来日から100万年と少しの時間が経過すると、ステゴドン・ツダンスキーを祖先とした「ステゴドン・ミエンシス（*Stegodon miensis*）」が登場しました。ステゴドン・ミエンシスの見た目は、ステゴドン・ツダンスキーとさほど変わりませんが、肩高は3・6メートルと少しだけ小さくなりました（もっとも個体差もあるので、この違いは誤差の範囲かもしれません）。

ミエンシスの「ミエ（*mie*）」は「三重」のことです。この言葉からわかるように、ステゴドン・ミエンシスの化石は、三重県を中心とした各地から発見されています。

なお、この名前にちなんで「ミエゾウ」とも呼ばれています。

そして、ステゴドン・ミエンシスの登場から200万年ほどが経過すると、その子孫として、「ステゴドン・アウロラエ（*Stegodon aurorae*）」が現れました。ステゴドン・アウロラエの特徴は、そのサイズです。何しろ、肩高が1・7メートルほどしかありません。ヒトの身長とさほど変わらないサイズです。読者のみなさんのなかにも、「あ、私のほうが高い」という人もいるでしょう（筆者はそうではありませんが）。

なお、「アウロラエ（*auroae*）」はラテン語の「*aurorra*（あけぼの）」に由来するため、ステゴドン・アウロラエは「アケボノゾウ」とも呼ばれています。

肩高3・8メートルのステゴドン・ツダンスキーから、肩高3・6メートルのステゴドン・ミエンシスを経由して、肩高1・7メートルのステゴドン・アウロラエへ。300万年の歳月をかけて、ステゴドンの仲間は小型化したのです。

実は、こうした小型化は、動物の進化でしばしば見ることができる傾向です。ゾウの仲間の小型化は地中海の島でも確認されていますし、ゾウ以外では、たとえば、恐竜類にも小型化が確認されているグループがあります。

◉ 日本に渡ってきたステゴドンの系譜

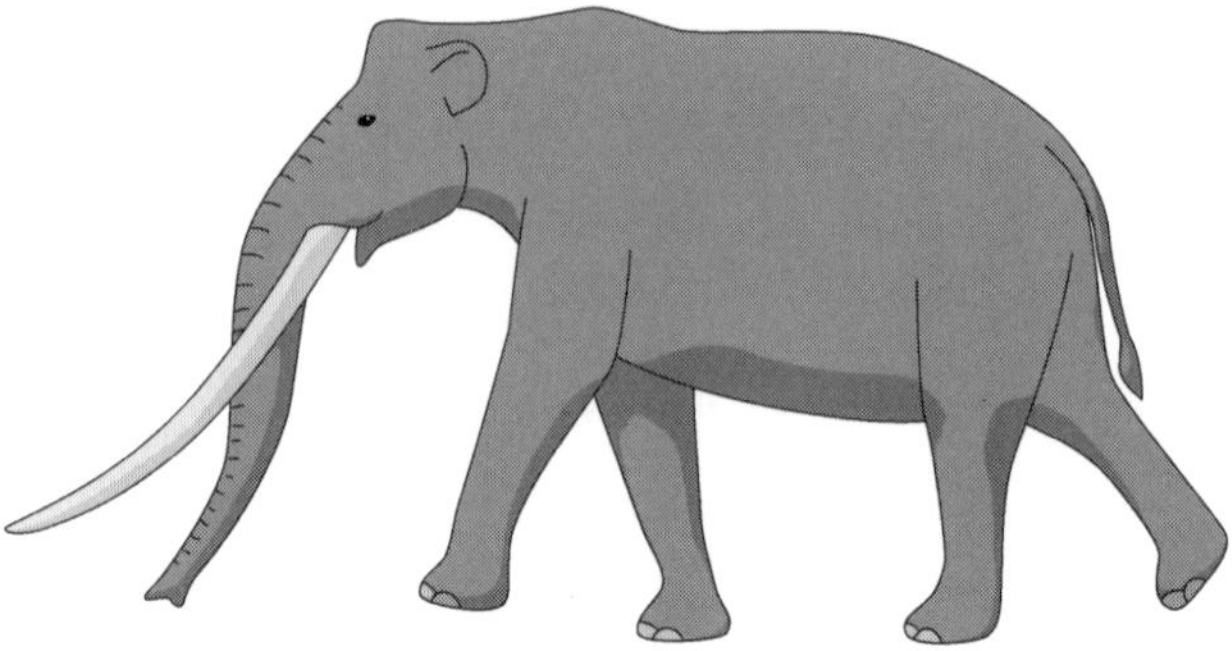

ステゴドン・ツダンスキー（ツダンスキーゾウ、コウガゾウとも）。約530万年前

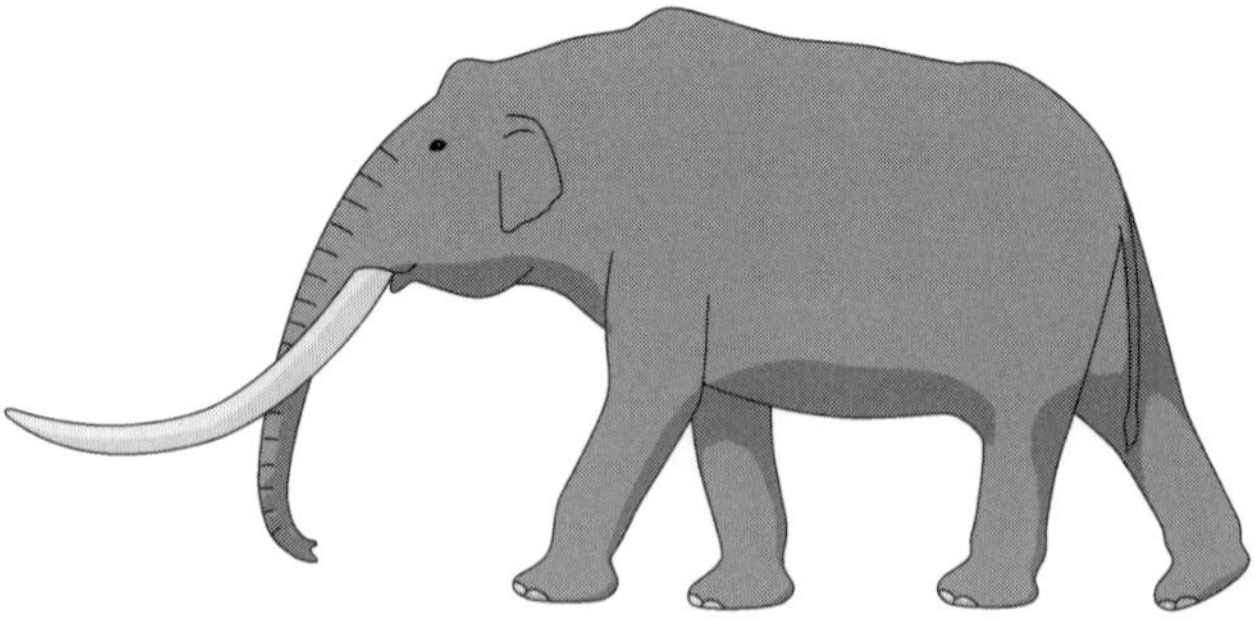

ステゴドン・ミエンシス（ミエゾウ）。約430万年前

ステゴドン・アウロラエ（アケボノゾウ）。約230万年前

ポイントは、その進化が行われる場所が「島嶼《とうしょ》」（大小の島々）であるということです。つまり、日本列島のように、島々であるということ。言い換えれば、面積が狭いということです。

大陸という広大なエリアには、〝大量の食料〟があります。ゾウや恐竜類のような大型の動物にとって、（移動すれば）食料がある、という環境はとても大切です。大きく育つためにも、そのからだを維持するためにも、大量の食料は必要です。

しかし島嶼には、その食料はありません。気候や地形による違いはあるでしょうが、「面積が小さい」ということは、植物の繁茂が絶対的に少なかったことを示唆しています。

食料が少ししか手に入らない以上、大きなからだよりも、小さなからだのほうが有利です。そのため、進化を重ねるたびに小型種が生まれていったと考えられています。

ちなみに、実は島嶼に渡ったことで大型化した古生物もいました。地中海地域では、全長が70センチメートルというハリネズミの仲間や、体重が12キログラムになったというウサギの仲間がいたことがわかっています。

こうした古生物は、なぜ、「小型化するはずの島嶼」で大型化したのでしょうか？

ポイントは、ハリネズミの仲間も、ウサギの仲間も、もともとは小型であるということです。ゾウなどと異なり、大量の食料を必要としません。

そして、ハリネズミの仲間も、ウサギの仲間も、ほかの動物に襲われることの多い〝弱者〟でした。

こうした〝小型の弱者〟が大型化した島嶼には、実は大型の捕食者の化石が見つかっていません。つまり、島嶼は天敵のいない〝天国〟だったのです。その結果、自由に食料をとり、大型化していったとみられています。

古生物のサイズには、こうした何らかの理由をともなう変化が確認されることがよくあります。

ユニコーンの正体

——化石から創造された伝説

ユニコーンは、もちろん、伝説上の生き物です。ウマによく似たからだ、割れた爪、額から伸びる長いツノ。その姿は、よく知られていると思います。

この「ウマによく似たユニコーン」は、古代ギリシアやローマ時代に書かれた書物に〝起源〟があると言われています。

たとえば、西暦初頭に活躍したローマの博物学者・政治家のプリニウスの著作である『博物誌』には、「中のつまった蹄《ひづめ》、長い1本ツノのウシ」「頭は雄ジカ、足はゾウ、尾はイノシシ」「ほかの部分はウマに似ている」という動物が登場します。インドに生息していたとか。この記述は、プリニウス自身が見たものではなく、紀元前4

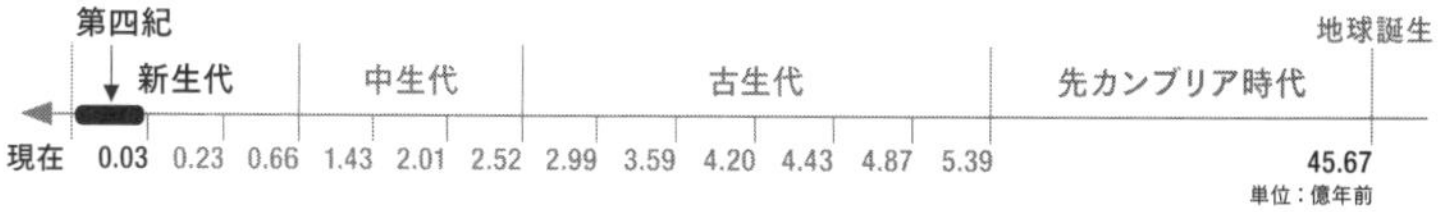

世紀後半のギリシアの歴史家であるクテーシアスの記述に基づいています。

プリニウスの『博物誌』のユニコーンは、〝よく知られるユニコーン〟とは多少の違いがあります。〝よく知られるユニコーン〟のような優美さは、『博物誌』のユニコーンにはさほど感じられません。……しかし、共通点も多く、どうやら『博物誌』のユニコーンのイメージが変化を重ねていくうちに、多少の姿の変更があったようです。その過程で、「ツノが万病に効く薬となる」「処女にしか懐かない」などのイメージも付加されていきます。


さて、〝『博物誌』のユニコーン〟のイメージのもとになったとされる新生代の古生物がいます。

その古生物の名前は、「エラスモテリウム（*Elasmotherium*）」です。頭胴長が4・5メートルほど、肩高が2メートルほどのサイ類です。

エラスモテリウムの最大の特徴は、額《ひたい》から伸びる1本の長いツノです。実際には、このツノが化石に残っているわけではありませんが、ツノの〝台〟となった構造がエラスモテリウムの頭骨に確認できます。もともと、サイ類のツノは、毛が集まり、硬くなったもの。硬いとはいえ、毛は化石に残りにくく、ほとんどの場合で死後に分解されてなくなります。ただし、現生のサイ類も、ツノの付け根には〝台〟があります。エラスモテリウムの場合、その〝台〟がとても大きく、故にとても長いツノがあったと考えられています。

その他、エラスモテリウムの化石を見ると、足はゾウのように太くなっています。尾もイノシシのそれに似ているといえるかもしれません。

エラスモテリウムの生きていた時代は、新生代第四紀更新世の前期から中期とされています。更新世の中期には、すでに私たちの祖先は登場し、アフリカを出て東へ東へ、と進んでいた可能性があります。エラスモテリウムの化石は、ロシア、トルクメニスタン、中国、ウクライナ、ウズベキスタン、カザフスタンなどで見つかります。とくに、カザフスタンから発見された化石は約2万6000万年前のものとされています。生息域の拡大を続ける人類がエラスモテリウムに会った可能性はありますし、カザフスタンとインドは、ヨーロッパから見れば同じ「東方」ですので、〝東方に残る伝承〟として、その姿が「インドに生息するユニコーン」として伝わった可能性が

エラスモテリウム

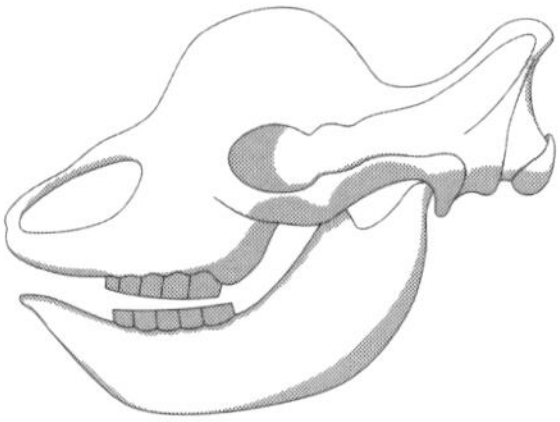

エラスモテリウムの頭骨

伝説上の生物ユニコーン。エラスモテリウムがモデルだった？

あります。

推測に推測を重ねるような話ですが、伝承や怪異には、古生物やその化石が〝元ネタ〟になっているのではないか、というものがいくつもあります。

キュクロプスと龍

紀元前のギリシアで活躍した詩人、ホメロス。その代表作のひとつである英雄叙事詩『オデュッセイア』には、「キュクロプス」と呼ばれる巨人が登場します。キュクロプスとは、雲をつくがごときの巨体で、頭部の中央にひとつだけ大きな目がありました。

ギリシアが面する地中海では、ゾウ類の化石が多産します。ゾウといえば、長い鼻。その長い鼻の付け根にあたる頭骨には、大きな孔が開いています。

ゾウ類の頭骨を知っていれば、この孔が鼻孔《びこう》であるとわかります。しかし、ゾウ類を知らなければ、その頭骨の正面に開いた孔は大きな眼窩《がんか》(眼球の入る孔)に見えてしまうかもしれません。ちなみに、ゾウ類の眼窩は、顔の側面近くにあります。ヒトのように「穴」になっていないので、これもまた、知らなければ眼窩であるとは気づかないかもしれません。

キュクロプスの元ネタは、地中海地域で発見されたゾウ類の化石ではないか、と考えられています。ゾウ類の頭骨をヒト型生物の頭骨と考えることで、ひとつ目の巨人が創造されたのでしょう。

ちなみに、日本でもゾウ類の化石はたくさん発見されています。かつて、そうした化石の一部は、「龍の骨」とみなされていました。巨人ではなく、龍を想像することは、文化の違いを表しているのかもしれませんね。

ゾウ類の骨を龍の骨とみなした記録は、「龍骨図《りゅうこつず》」として現在にも残されています。滋賀県立琵琶湖博物館が所蔵するそれが有名です。

キュクロプスの元ネタはゾウ?

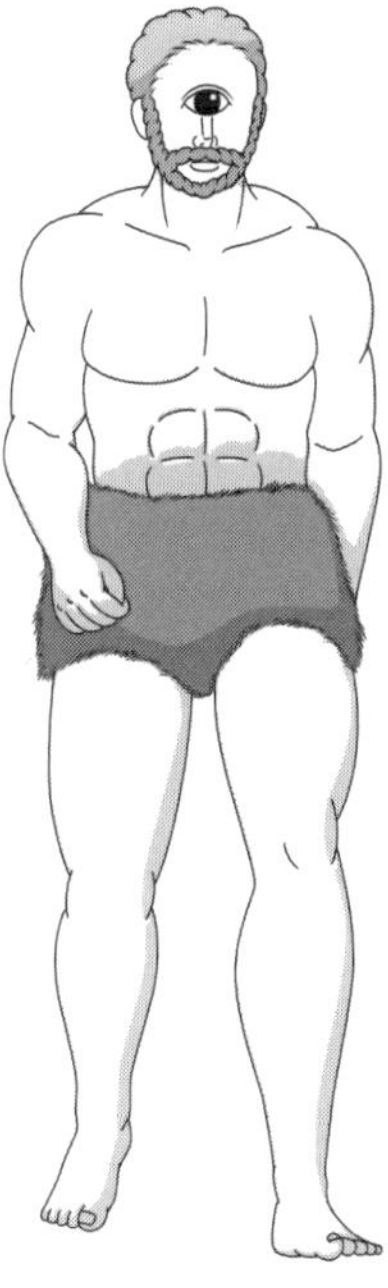

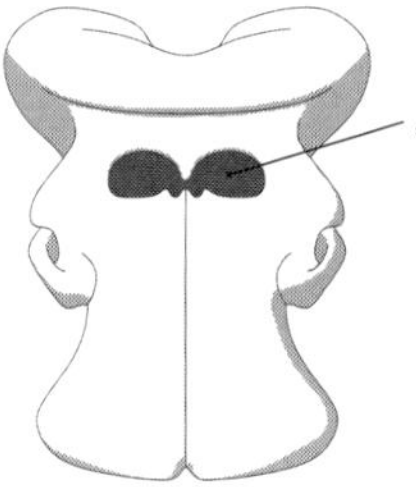

ゾウの頭骨。
鼻孔がひとつ目に見えることから
ひとつ目巨人の骨とみられていた

『オデュッセイア』に描かれる
ひとつ目の巨人キュプクロプスのイメージ

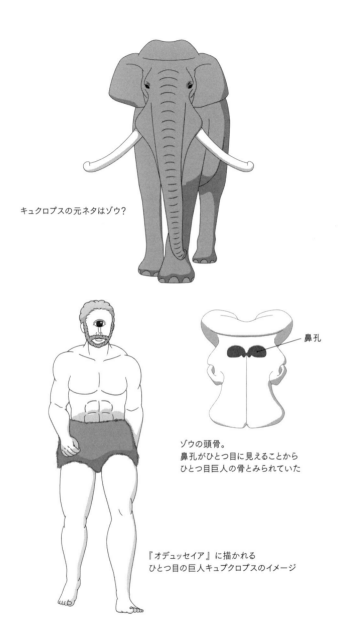

温暖化の進む未来
——氷河期と新たな大絶滅

新生代新第三紀の末あたりから地球は急速に冷え込みました。これほどの冷え込みは、実に2億6000万年以上なかったことです。

急速に冷え込んだ地球では、高緯度地方を中心に氷河が発達します。そして、時代は現代へと続く「第四紀」へと移り変わります。

約258万年前に始まった「第四紀」という時代は、まるごと「氷河期」です。これは現在も変わりありません。現在の我々も氷河期に生きています。

え？　氷河期って、1万年くらい前に終わったんじゃないの？

そう思われる方もいるかもしれません。いささかややこしいのですが、「氷河期」

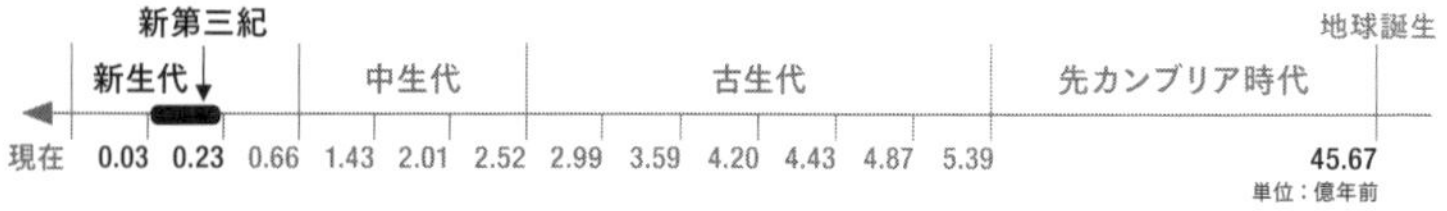

は、地球上に氷河がある時代を指します。現在の地球には、南極大陸などに氷河があります。ですから、現在も「氷河期」なのです。

氷河期には、より冷え込んだ「氷期《ひょうき》」と、やや暖かい「間氷期《かんぴょうき》」があり、これが繰り返されてきました。1万年前に終わったのは、「氷期」です。そして、現在は「間氷期」にあたります。「氷河期のなかの間氷期」。それが、現在です。

地球の気候は常に変動してきました。氷期・間氷期のサイクルが正しければ、次は氷期がやってきます。

ただし、です。産業革命以降の人類活動によって、地球の気候は温暖化の一途を辿るようになりました。近年では、温暖化が原因とされる異常気象も多発しています。

地球史の視点でいえば、私たち現生人類は、氷河期に生まれ、氷河期に栄えてきた動物です。温暖化は、そんな人類を未体験の世界へと連れていこうとしているのです。

かねてより地球科学者は、温暖化の進む未来を、より正確に予想しようとしてきました。

未来予測に必要なものは、過去のデータです。

これは、受験と同じです。受験の際、最も頼りになる対策は、「過去問」です。自分の志望する学校が、かつてどのような問題を出していたのか。過去問を分析し、次の試験への対策を予想します。

本書でこれまで見てきた古生物の情報は、地質学などがもたらす古環境情報とあわせて、過去のデータとなり得るものです。受験の際、過去問が多ければ多いほど、対策が有用となるように、地球の未来予測に対しても、化石や地質などがもたらす情報は多ければ多いほど役立ちます。83ページで紹介した微化石などは、その好例です。未来予測自体には、最新鋭のコンピューターが多用されますが、その予測のもととなる情報は、地道に過去を、つまり、地層を調べ、化石をはじめとするさまざまな手がかりを入手するしかありません。

過去のデータをもっと増やし、未来予測をもっと正確なものにする。それは、「地球にやさしい」といった抽象的な未来のためではなく、氷河時代を生きてきた人類にとって、今後も繁栄を続けられるかどうかという点で、とても大切なことです。

地球史を振り返れば、もっと暑い時代に適応した古生物はたくさんいます。たとえば、恐竜時代で知られる中生代白亜紀には地球の平均気温が30℃にもなりました。92

ページで紹介したアノマロカリスたちが生きていた古生代カンブリア紀には、地球の平均気温が40℃を超えていました。地球は寒暖の変化を繰り返しながら歴史を紡いできています。

気候の変化に適応できずに滅びた古生物も無数に存在します。現在の地球では、温暖化や人類による環境破壊などで「第六の大絶滅が起きている」と言われることもあります。これは、地球史に過去5回の大絶滅があったことにちなむものです。過去5回の大絶滅であっても、生命は完全に滅びませんでした。仮に「第六の大絶滅」が起きても、地球から生命が消えることはないでしょう。

もっとも、過去の大絶滅においても、どのようなメカニズムで絶滅が波及していったのかは、まだ謎に包まれています。「第六の大絶滅」がどのように波及して人類に影響を与えることになるのかは、予想できていません。人類を衰退・絶滅させるきっかけになり得るかどうかは、不明なのです。

古生物学は、「ロマンの学問」と言われます。それはまさしくその通り。でも、ロマンだけではなく、古生物学で集まったデータは、未来予測にとっての貴重なデータにもなり得るのです。

《もっと知りたい古生物》

大昔の気候は？　気候変動はなぜ起きるのか？

過去の地球の気候は、植物の化石や特定の気候下で形成される岩石、あるいは、酸素の同位体といった〝化学要素〟などによって推測することができます。

2021年にノースウェスタン大学（アメリカ）のクリストファー・R・スコテーゼさんたちが発表した論文によると、現在の地球の年間平均気温は14・5℃です。温暖化を実感する昨今ですが、地球史を俯瞰《ふかん》するとこの気温は、かなり涼しい値です。スコテーゼさんたちの研究によれば、古生代カンブリア紀が始まった当初の年間平均気温は50℃に迫る値でした。その後、オルドビス紀にかけて急速に寒冷化し、オルドビス紀の一時期に年間平均気温は10℃にまで下がった可能性があるようです。カンブリア紀以降の約5億3900万年間で、このときが最も冷え込んでいたことになります。

Column

ただし、この極寒期は一時的なものでした。地球史には、しばしば一時的な寒冷期や温暖期があったことが知られています。〝概ねの気候〟としては、オルドビス紀からデボン紀にかけては、年間平均気温25℃以上を維持し、その後、石炭紀に急速に寒冷化。ペルム紀にむかって温暖化し、中生代の間は、概ね年間平均気温18℃以上を維持。新生代になって冷え込んでいく、という傾向をとります。

なぜ、地球の気候は変化するのでしょう?

ここから先は、スコテーゼさんの論文を参考にしながら、話を続けます。

ひとつには、「火山活動」が原因とされています。地球の各地では、大小の火山が常に活動しています。ときには、現代の国をいくつも飲み込むような大量の溶岩を噴出する大規模な火山活動があったことが知られています。

火山は噴火とともに、二酸化炭素や水蒸気を噴出します。二酸化炭素も水蒸気も、温室効果のあるガスです。大気中の二酸化炭素濃度が上昇し、水蒸気が増えれば、温室効果が強まり、地球の気候は温暖化していきます。

ふたつ目は、「大陸の配置」が原因です。地球の表層は、十数枚のプレートに分割されています。そのプレートはさまざまな方向に向かって動きます。大陸はプレートの上に乗っており、プレートの動きにともなって大陸の位置が変わり、大きさも変化します。

巨大な大陸が極域に位置すると、その上に氷床が発達します。たとえば、地球の気候が急速に冷え込んだ石炭紀には、「ゴンドワナ」と呼ばれる超大陸が南極を覆っていました。このときに発達した氷床の北端は、当時の緯度で南緯30度にまで到達したようです。南北を入れ替えて、現代の日本列島付近で考えれば、北極点から屋久島まで氷が届いたことを意味しています。

氷床は太陽光を反射します。大規模に氷床が発達すると、太陽光が地球表面を温めることなく宇宙へと戻ってしまいます。その結果、ますます寒冷化が進みます。

一方、大陸の分裂が進んだ白亜紀には、赤道を一周する海流があったことが知られています。温暖な緯度を一周する海流は、どんどん温かくなります。その結果、温暖化が促進されていきます。

また、大陸と大陸の衝突によって生まれた大山脈は、地球規模の気流を変化させ、気候を変えるとされています。

Column

このように大陸の離合集散《りごうしゅうさん》は、地球の気候変化に大きな影響を与えます。

ほかにも、白亜紀末の大量絶滅事件のときのように、地球外天体の衝突は、太陽光を遮る物質を大気中に撒《ま》き散らすこともあります。

地球の公転軌道のわずかなブレや、地軸の傾きの微小《びしょう》な変化も気候変化に関係しているようです。

こうした要素が、複雑に絡み合い、地球の気候を変えてきたとみられています。

第5章

もっと古生物を楽しむために

リテラシーを得る
――信用できる古生物情報の入手の仕方

古生物学に限らず、今や「情報」は世界に溢れていて、簡単に入手できます。だからこそ、玉石混交《ぎょくせきこんこう》。

玉を集めることが、日々生きていくために必要な時代です。

古生物学は、「科学」の一分野です。科学である以上、最も信頼性の高い情報は、学術論文です。専門家が執筆し、専門家が審査して、専門誌に掲載される論文です。その論文は、出版後も専門家の目にさらされ、ときには誤りを指摘されたり、その指摘への反論も発表されたりします。議論は、多くの研究者が確認できる論文によって行われます。こうして、情報の信頼性が上がっていくのです。

もっとも、発表されているすべての論文が〝等価〟というわけではありません。世の中には、「掲載料さえ払えば、誰でも論文を掲載できる」という〝なんちゃって学術誌〟があります。「ハゲタカジャーナル」ともよばれる〝なんちゃって学術誌〟は、掲載されている情報がすべて誤りとはいえませんが、専門家による厳しい審査を経ていないため、情報の信頼度としては、さほど高くありません。

専門家ではない〝一般の人々〟にとって、その論文がどのくらい信頼に値するかどうかを判断することは難しいもの。そのため、筆者（土屋）の著作の場合は、専門家に取材して、参考となる（参考に値する）論文を紹介していただくということがよくあります。

多くの論文は英語で書かれています。しかも、学術用語が満載です。筆者は、そのような論文を辞書や資料と格闘しながら〝解読〟しています。そうした作業が気にならない、という方は、ぜひ、論文を読まれてみてください。論文ならではの〝生々しい情報〟は、大きな刺激となることでしょう。

現在では、ほとんどの論文はインターネット上で公開されており、誰でも入手可能です。ただし、有料であることも多く、しかも、数ページの論文であっても、

5000円を超える場合も多々あります。〝お財布の覚悟〟は、事前に必要です。

英語は苦手ではないけれど、「論文はちょっと……」という方には、専門書をおすすめします。もちろん、専門書は日本語でも刊行されています。

信頼性の高い専門書は、〝本当の専門家〟が執筆したものです。著者欄に注目しましょう。所属や略歴が書かれているはずです。古生物学は、科学のなかでも〝敷居の低い学問〟です。古生物学の専門の教育を受けていなくても「本を書く」ことができます。そうした〝自称古生物学の専門家〟が書いた本は、いくつも刊行されています。もちろん、〝自称古生物学の専門家〟よりも、古生物学の教育を受け、多くの研究者と共同研究の実績がある〝本当の古生物学の専門家〟が執筆した書籍のほうが、情報の信頼度は上です。

専門書は難しいな、と思われている方は、ぜひ、私たちサイエンスライターが執筆した書籍を手に取ってください。サイエンスライターは、何しろ「サイエンスの物書き」なので、「科学をわかりやすく正しく伝える」ことを生業《なりわい》としています。〝なんでも書きます系ライター〟よりも信頼度は高い……かもしれません。「かもしれない」という表現になってしまったのは、「サイエンスライター」は資格職ではないからです。名乗ろうと思えば、誰でも、すぐにでも、名乗ることができる職業です。ですから、この場合も略歴に注目してください。たとえば、古生物学の本を書いているサイエンスライターであれば、古生物学、少なくとも、科学に関する情報がその略歴に書かれているはずです。信頼の一助になるでしょう。

その上で、可能であれば、「監修者」として〝本当の古生物学者〟がついている本をおすすめします。筆者は「古生物学を主戦場とするサイエンスライター」として10年以上も活動していますが、見逃している情報や、勘違いをしていたことなどを監修者に指摘されることがあります。とくに最新の情報の信頼度において、〝本当の古生物学者〟に敵《かな》うものはなく、監修者として〝本当の古生物学者〟の存在はかなり大きなものといえます。世の中には、〝なんちゃってサイエンスライター〟が〝なんちゃって専門家〟の監修を受けて刊行した古生物本も出回っています（しかも、一部の本は売れていたりします）。ご注意ください。

もう一点、インターネットの情報についても触れておきたいと思います。古生物学情報に限らず、「情報の常」として、インターネット情報は信頼度が落ちます。とくに、誰が書いたのかわからない文章には、信頼性はほとんどありません。簡単に書き換えられますし、その情報に誰も責任をとらないからです。

しかし、インターネットは便利なもの。情報探しには欠かせないことも事実です。では、インターネットで信頼性の高い情報を得るにはどうすればよいのか？　たとえば、文章を誰が書いたのか、その文章の責任は誰がとるのかがよくわかる大学や博物館などのオフィシャルなプレスリリースは参考になるでしょう。インターネット上のフリー百科事典の類《たぐい》であれば、その情報の出典を確認しましょう。出典がない場合は、信頼に値しません。

近年では、ＡＩを使った情報収集も身近なものとなりました。その場合も、ＡＩにその情報の出どころを一緒に表示するよう指示を与えてみてください。そして、必要に応じて、その出どころを確認してみましょう。

今日の〝正解〟は明日の〝間違い〟かもしれない
——日進月歩の科学のおもしろさ！

第3章で紹介した始祖鳥こと「アルカエオプテリクス」。実は、この鳥は「色がわかる古生物」でもあります。

そもそも、「古生物の色」は、謎に包まれています。化石に残りやすいのは骨や殻などの硬組織。内臓や筋肉、そして、皮膚など柔らかい組織は、化石に残りにくい傾向にあります。仮に皮膚の化石が残っていたとしても、「色素」が残っているとは限りません。色素もまた、化石には残りにくいからです。

ただし、色素をつくりだす器官が化石に残っていることがあります。一例が、ある細胞小器官です。電子顕微鏡でようやく確認できるサイズですが、羽毛の化石にこの細胞小器官が残っていることがあるのです。

ブラウン大学（アメリカ）のライアン・M・カーニーさんたちは、2012年に「始祖鳥の羽根化石」を調べ、色素を生み出していた細胞小器官を確認したと報告しました。カーニーさんたちの分析によると、始祖鳥の羽根は漆黒だった可能性が高いとのことです。


この研究を受けて、始祖鳥の復元画は、まるでカラスのように真っ黒に着色されました。カーニーさんたちの報告までは、「古生物の色がわからない」という原則のもと、始祖鳥は比較的自由に着色されていました。それは、「科学」というよりは「芸術」の分野とされていたのです。

2012年のカーニーさんたちの研究によっ

2012年の発表を受けた漆黒の羽をもつ始祖鳥

て、「始祖鳥の色は、真っ黒だった」と考えられるようになったのです。

しかし翌2013年、マンチェスター大学（イギリス）のフィリップ・L・マニングさんたちが新たな研究結果を発表します。マニングさんたちは、化石に残った細胞小器官をより広範囲に、そして、詳細に分析することで、カーニーさんたちが指摘したような黒色は、羽根の外側に集中しており、羽根の内側でほかの羽根と重なり合う場所は、明るい色であったことを指摘しました。

この研究を受けて、始祖鳥の復元画の色は、1年に満たない短期間で更新されることになりました。現在では黒色と白色の、まるで日本のパトカーのようなツートン・カラーで着色されるようになったのです。

2013年の発表を受けた始祖鳥。羽根の外側だけが黒くなっている

こうした更新は、古生物学では日常茶飯事です。

古生物学は、科学の一分野です。科学である以上、分析技術の進歩や、新たな研究手法の確立によって、得られる情報は増えています。

また、古生物学は化石に依《よ》って立つ学問です。新たな化石が発見されることで、従来の化石には残されていなかった〝手がかり〟が入手できることも多々あります。

こうした研究成果は、前項で触れた学術論文として発表されます。学術論文は「研究のゴール」ではありません。むしろ、「スタート」です。世界中の研究者が学術論文を見ることで、研究成果の「検証」が可能になります。その結果、新たな仮説が提唱されることもしばしばあるのです。

過去の研究を検証しながら先に進んでいく。多くの「!」が「?」に変わり、そして、新たな「!」になる。この変化こそが科学であり、そして、その楽しさでもあります。世界は、謎に満ちている！　その謎を解いていく醍醐味が、古生物学には（にも）あります。

研究への2大アプローチ
——地質系と生物系。そして、その他

古生物学を「学問として」楽しんでみたい。できれば、専門家のもとでしっかりと——。

そんな方々に朗報です。日本では、古生物学を専門とする講座が、多くの大学や大学院で開講されています。高校生の進学先のみならず、リスキリングにもいかがでしょうか?

古生物学は、科学の一分野。より具体的には、「理学」の一分野です。そのため、「学部」でいえば、理学系の学部の研究室で研究対象となっていることが多数派です。

理学部には、大きく分けると、数学、物理学、化学、生物学、地学の教室がありま

す。このうち、地学教室が古生物学を学ぶための王道です。地学教室の中にも多くの講座があります。講座名として、古生物学を名乗っている場合と、地質学の講座の一環として古生物学の研究室がある場合があります。

大学によっては、古生物学は、教育学系の学部や、工学系の学部で開講されていま す。教育学系の学部では理科の一環として、工学系の学部では土木や地質の一環として です。

古生物学を楽しむ場合には、ふたつの大きなアプローチ（専門性）があります。

ひとつは、地質系のアプローチ。簡単にいえば、化石の眠っている地層ごと古生物を理解しようとする方法です。地質図を片手にフィールドを歩き、化石と化石の周囲の情報を得て、古生物の生きていた「世界」を解明しようというものです。筆者は、このアプローチでこの〝世界〟に入りました。大学・大学院では、地質図を自分でつくりながら、山々を歩き回ったものです。

もうひとつは、生物系のアプローチ。こちらは、古生物を「生物」として分析対象にします。骨格の検証、神経や脳構造の解析、内臓器官の分析、遺伝情報の抽出など、化石から古生物の生きていた姿を解明しようというものです。

ほかにも、化石から化学成分を抽出しようという化学系のアプローチや、コンピューターを駆使した工学系のアプローチなどもあります。そして、いずれのアプローチ方法も「それだけ」ではなく、ほかのアプローチを組み合わせての研究が進められています。

本格的に大学・大学院で学びたいのであれば、（どの分野でも同じですが）まずは、研究者を探してみましょう。自分がやりたいこと……たとえば、好きな時代や好きな古生物、好きなアプローチ方法などに注目しましょう。多くの研究者が自前のウェブサイトを開設しており、そこで多くの情報を得られるはずです。

気になる論文を見つけて、その著者の情報を収集することもよいでしょう。研究者が執筆した本、あるいは、監修した本も、選択の一助となるはずです。

また、その大学・大学院の〝環境〟を知ることも大切です。それは、「学風」ということになるのかもしれませんが、ともに研究をする最も身近な仲間たちが、どのような心構えで研究に挑んでいるのか。「孤高を楽しみたい」というのであれば、それはそれでよいのですが、「議論できる仲間」がいることは大切です。

筆者個人の考えでは、古生物学は、人生の貴重な時間を使って楽しむに値する学問です。「人生の貴重な時間」を投資する以上、自分で満足のいく事前の情報収集を行うことをおすすめします。

地域別おすすめ博物館

――実は古生物大国ニッポン

古生物学の魅力は、なんといっても「化石」！　博物館に行けば会うことができるというすばらしさ。まさに、「会いに行くことができる」ことが、古生物学の強みです。ここでは、筆者が実際に訪ねたことのある日本各地の博物館のなかから、地域ごとにおすすめの博物館を紹介しましょう。

▼北海道

①中川町エコミュージアムセンター

閉校した中学校を利用した博物館。豊富なアンモナイト標本とクビナガリュウ類の

＊本項で掲載している情報は2025年1月時点のものです。

全身復元骨格が楽しい。恐竜「パラリテリジノサウルス（*Paralitherizinosaurus*）」の爪化石も見逃せません。

〒098－2625　北海道中川郡中川町字安川28－9
電話：01656－8－5133
https://city.hokkai.or.jp/~kubinaga/

②沼田町化石館

ずっしりと大きなホタテ、「タカハシホタテ」こと「フォーティペクテン・タカハシイ（*Fortipecten takahashii*）」の標本がずらっと並ぶ博物館。タカハシホタテの化石そのものは他館でも見ることができますが、やっぱり「産地の博物館」で見たいところ。

〒078－2225　北海道雨竜郡沼田町幌新381
電話：0164－35－1029（夏期のみ）／0164－35－2132（冬期問い合わせ先：沼田町教育委員会）
https://numata-kaseki.sakura.ne.jp/

③三笠市立博物館

言わずと知れた「アンモナイトの博物館」。大小さまざまな北海道産アンモナイトが並ぶその展示は、「圧巻」のひと言。もちろん、「ニッポニテス（*Nipponites*）」の化石も！　三笠を訪れずに、日本のアンモナイトは語れません。

〒068－2111　北海道三笠市幾春別錦町1丁目212－1
電話：01267－6－7545
https://www.city.mikasa.hokkaido.jp/museum/

④むかわ町穂別博物館

こちらも多数のアンモナイト化石が展示されている博物館。一風変わったカメの化石や大型の二枚貝化石なども見逃せない。恐竜化石として日本最高クラスの保存率を誇る「カムイサウルス（*Kamuysaurus*）」の地元です。近い将来、リニューアルの予定も！

〒054－0211　北海道勇払郡むかわ町穂別80番地6
電話：01145－45－3141
https://mukawaryu.com/museum/

⑤足寄動物化石博物館

日本を代表する古生物のひとつ、「デスモスチルス（*Desmostylus*）」。なんとも不思議な姿の哺乳類です。そして、そのデスモスチルスと近縁種（束柱類）の全身復元骨格の展示といえば、ココ！　研究者ごとの視点の違いも学ぶことができます。

〒089－3727　北海道足寄郡足寄町郊南1丁目29—25
電話：0156－25－9100
http://www.museum.ashoro.hokkaido.jp/

▼東北地方

⑥いわき市石炭・化石館ほるる

日本を代表する古生物のひとつ、「フタバスズキリュウ」こと「フタバサウルス（*Futabasaurus*）」の「地元の博物館」。フタバサウルスはもちろん、海外の海棲爬虫類の全身復元骨格も充実！

〒972－8321　福島県いわき市常磐湯本町向田3－1
電話：0246－42－3155
https://www.sekitankasekikan.or.jp/

▼関東地方

⑦ミュージアムパーク茨城県自然博物館

通史的な博物館です。そのなかに、いわゆる「サーベルタイガー」の代名詞である「スミロドン（*Smilodon*）」の実物化石が展示されています。これは見逃せません。ぜひ、実物の迫力をご堪能ください。

〒306－0622　茨城県坂東市大崎700
電話：0297－38－2000
https://nat.museum.ibk.ed.jp/

⑧佐野市葛生化石館

ペルム紀の展示重視の小さな博物館。ペルム紀の後半期に生態系の頂点に君臨した「イノストランケヴィア（*Inostrancevia*）」の全身復元骨格は、日本国内ではこの博物館でしか見ることができません。

〒327－0501　栃木県佐野市葛生東1－11－15
電話：0283－86－3332
https://www.city.sano.lg.jp/sp/kuzuukasekikan/

⑨群馬県立自然史博物館

通史的な博物館です。ホールに展示されている「ギラッファティタン（*Giraffatitan*）」は圧巻。その他にも、発掘現場ジオラマ（これは行ってみてのお楽しみです）や、「ディメトロドン（*Dimetrodon*）」の実物化石なども見逃せません。

〒370－2345　群馬県富岡市上黒岩1674－1
電話：0274－60－1200
https://www.gmnh.pref.gunma.jp/

⑩神流町恐竜センター

モンゴルの恐竜たちに会いたくなったらココ！　圧巻の「タルボサウルス（*Tarbosaurus*）」の全身復元骨格をはじめ、「ヴェロキラプトル（*Velociraptor*）」と「プロトケラトプス（*Protoceratops*）」の格闘化石は必見です。

〒370－1602　群馬県多野郡神流町大字神ヶ原51－2
電話：0274－58－2829
https://dino-nakasato.org/

⑪埼玉県立自然の博物館

絶滅した巨大ザメ「メガロドン（*Otodus megalodon*）」。その化石を展示する博物館は多々あれど、「同一個体の化石として産した歯の数」では、この博物館で展示されている化石群が世界最多。天井には、迫力の生態模型も。

〒369－1305　埼玉県秩父郡長瀞町長瀞1417－1
電話：0494－66－0404
https://shizen.spec.ed.jp/

⑫国立科学博物館

いわずと知れた通称「かはく」。先カンブリア時代から第四紀まで通史的な展示の充実度はさすがと言うしかありません。日本館と地球館の双方に化石の展示があるので、見逃さないように。マニアックな化石の展示も多いので、じっくり見学をおすすめします。

〒110－8718　東京都台東区上野公園7－20
電話：050－5541－8600
（NTTハローダイヤル／03－3822－0111（代表）
https://www.kahaku.go.jp/

▼中部地方

⑬福井県立恐竜博物館

恐竜に会いたければ、ココ！　大きなホールに所狭しと並ぶ恐竜の全身復元骨格群、は、他館では味わえない迫力があります。一方、実は、通史的な展示も充実。恐竜以外にも見どころたくさんの博物館です。

〒911－8601　福井県勝山市村岡町寺尾51－11かつやま恐竜の森内
電話：0779－88－0001（代表）
https://www.dinosaur.pref.fukui.jp/

⑭瑞浪市化石博物館

まるで宝石のような輝きを放つ、ちょっと変わった化石「月のおさがり」の産地の博物館。綺麗に並んで展示されている化石たちには、美しささえ感じてしまう。近年発見・発掘された「パレオパラドキシア（*Paleoparadoxia*）」の産状模型も見逃せません。

〒509－6132　岐阜県瑞浪市明世町山野内1－47
電話：0572－68－7710
https://www.city.mizunami.lg.jp/kankou_bunka/1004960/kaseki_museum/index.html

⑮豊橋市自然史博物館

通史的な博物館です。各時代の展示物が充実していますが、その中でも「ターリーモンスター」こと「ツリモンストラム（*Tullimonstrum*）」の良質標本や、ツリモンストラムと同じ産地の化石群は必見。

〒441－3147　愛知県豊橋市大岩町字大穴1－238
電話：0532－41－4747
https://www.toyohaku.gr.jp/sizensi/

⑯蒲郡市生命の海科学館

その名のとおり、「海」をテーマにした博物館（科学館）です。とくにカンブリア紀の化石が充実しています。各所に模型も展示され、楽しさ満載。クビナガリュウ類などの展示もあります。

〒443－0034　愛知県蒲郡市港町17－17
電話：0533－66－1717（代表）
https://www.city.gamagori.lg.jp/site/kagakukan/

▼関西・近畿地方

⑰大阪市立自然史博物館

通史的な博物館です。日本を代表する古生物のひとつ、「マチカネワニ」こと「トヨタマヒメイア・マチカネンシス（*Toyotamaphimeia machikanensis*）」の全身復元骨格が、まるで壁面を泳ぐように展示されています。その姿は、まるで龍のよう！

〒546－0034　大阪府大阪市東住吉区長居公園1－23
電話：06－6697－6221
https://omnh.jp/

⑱和歌山県立自然博物館

水族館と一体化した〝和歌山県の博物館〟。とくに、白亜紀の海を制したモササウルス類の世界トップクラス標本として知られる「和歌山滄竜」こと「メガプテリギウス（*Megapterygius*）」の関連展示は必見。

〒642−0001　和歌山県海南市船尾370−1
電話：073−483−1777
https://www.shizenhaku.wakayama-c.ed.jp/

⑲兵庫県立人と自然の博物館ほか

兵庫県では、全県に施設が点在。中核となる人と自然の博物館（三田市）のほか、「丹波竜」こと「タンバティタニス（*Tambatitanis*）の全身復元骨格のある「ちーたんの館」（丹波市）、アンモナイト多数の「淡路文化史料館」（洲本市）などはとくにおすすめ。

兵庫県立 人と自然の博物館

〒669−1546　兵庫県三田市弥生が丘6丁目
電話：079−559−2001
https://www.hitohaku.jp/

丹波市立丹波竜化石工房 ちーたんの館

〒669－3198 兵庫県丹波市山南町谷川1110番地
（丹波市役所山南支所横）
電話：0795－77－1887
https://www.tambaryu.com/TDFL/index.html

洲本市立淡路文化史料館

〒656－0024 兵庫県洲本市山手1丁目1－27
電話：0799－24－3331
https://awajishimamuseum.com/

▼中国・四国地方

⑳徳島県立博物館

徳島県の化石を展示している博物館ですが、なんと、南アメリカ産の哺乳類化石も充実。とくに「オオナマケモノ」こと「メガテリウム（*Megatherium*）」の、迫力の全身復元骨格は必見です。

〒770－8070　徳島県徳島市八万町向寺山
（徳島県文化の森総合公園）
電話：088－668－3636
https://museum.bunmori.tokushima.jp/

▼九州・沖縄地方

㉑北九州市立自然史・歴史博物館（いのちのたび博物館）

大きなホール内を行進しているかのように化石が並ぶ博物館。魚食恐竜「スピノサウルス（*Spinosaurus*）」の四足歩行モデル復元骨格や、史上最大の翼竜「ケツァルコアトルス（*Quetzalcoatlus*）」飛行姿勢の復元骨格の他、充実のアンモナイト展示も！

〒805−0071　福岡県北九州市八幡東区東田2−4−1
電話：093−681−1011
https://www.kmnh.jp/

㉒御船町恐竜博物館

みっちりと詰まった空間に、これでもかと並ぶ恐竜たちの全身復元骨格群は、「圧巻」のひと言。壁にかかる「テリジノサウルス（*Therizinosaurus*）」の長い腕の標本も見逃してはいけません。

〒861−3207　熊本県上益城郡御船町大字御船995−6
電話：096−282−4051
https://mifunemuseum.jp/

中川町エコミュージアムセンター
沼田町化石館
三笠市立博物館
足寄動物化石博物館
むかわ町穂別博物館
いわき市石炭・化石館ほるる
佐野市葛生化石館
ミュージアムパーク茨城県自然博物館
埼玉県立自然の博物館
国立科学博物館
瑞浪市化石博物館
豊橋市自然史博物館
蒲郡市生命の海科学館
大阪市立自然史博物館
和歌山県立自然博物館

◉ 古生物おすすめ博物館マップ

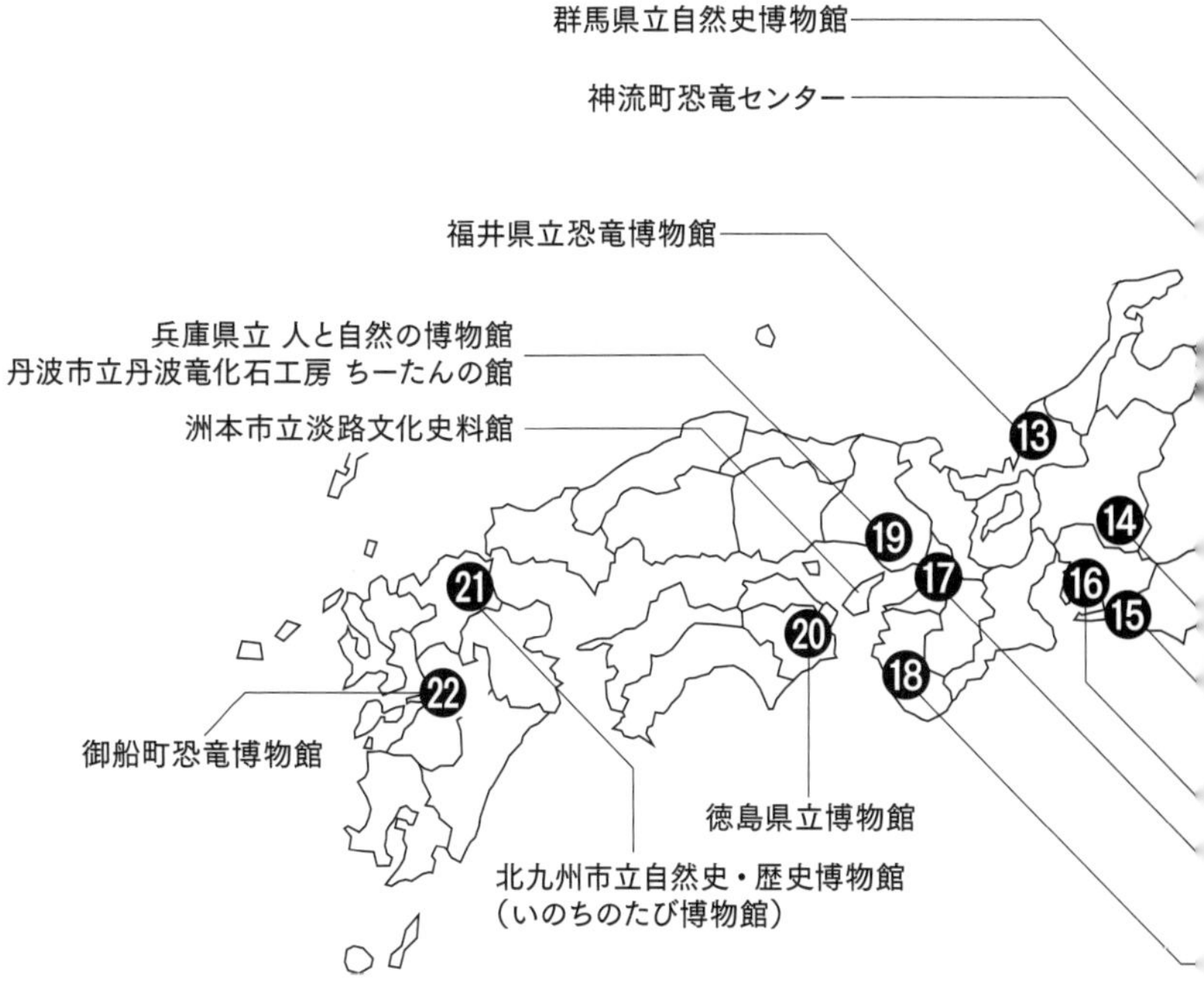

博物館の楽しみ方

――知っておくと、もっと楽しい鑑賞のポイント

博物館は、「出会いの場」であり、そして「気づきの場」です。

まず、前項で紹介したように、各地の博物館はまったく同じではありません。博物館ごとに特性があります。地元密着の展示もあれば、「なぜ、ここに？」と驚きの標本が展示されていることもあります。

……ですから、「まず、訪問してみること」がとても大事。思わぬ「出会い」がそこにあるかもしれません。

もっとも、その「出会い」を「気づき」に変えるためには、事前の知識が必要です。せっかく貴重な標本に出会っているのに、その「貴重さ」に気づかなければ、

もったいない。もちろん博物館でも、あのテこのテを使って、その標本の重要さ、貴重さ、見るべきポイントを解説しています。しかし、展示の解説板ではスペースの都合もありますし、更新するにも維持するにもコストがかかりますから、「常に最新」というわけにもいきません。

そこで「出会い」を「気づき」に変えるために、予習をおすすめします。まず、訪問先の博物館について、webサイトなどで大まかに展示物を調べる。その情報をもとに、書籍などで知識を吸収しておく。手前味噌ですが、「古生物の黒い本」と呼んでいただいている拙著の『○○紀の生物』シリーズ（技術評論社）は、まさにこうした予習に最適です。読み物になりますが、『古生物出現！　空想トラベルガイド』（早川書房）も参考になると思います。本書の監修者である芝原暁彦さんの著書『おせっかいな化石案内』（誠文堂新光社）もおすすめ。

博物館が行っているガイドツアーなどへの参加もよいですね。なにしろ、その博物館の専門家によるガイドです。標本に関する裏話なども聞けるかもしれません。

詳しい知人と一緒に訪問することもよいでしょう。きっと、各標本の見どころを解説してくれるはずです。

「博物館の展示物は、どうせレプリカでしょ」

そんなことを言う人もいます。

もちろん実物も多数展示されていますが、恐竜の全身骨格などは、多くの場合でレプリカ——複製です。しかし、そうした複製も、実はかなり精巧につくられています。専門家の観察・分析にも耐えうるレベルのものがほとんど。ぜひ、じっくりと観察してください。

一歩先の楽しみ方として、「病理《びょうり》」を探す楽しみもあります。化石となった古生物も生き物ですから、生きていたうちに病気にかかったり、怪我をしたりしたことがあるはず。その痕跡が化石に残る例も多くあります。こちらに関しては、ぜひ『古生物のカルテ　～古病理で楽しむ化石の世界～』（2025年春発売予定）を参考にしてください。レプリカであっても、多くの場合で、病理が再現されています。病理を探して、じっくりと観察するその手法は、まさに「探偵」。推理小説の主人公の気分でどうぞ。

古代・中世の人々の感覚も楽しみのひとつ。『怪異古生物考』（技術評論社）を読んでから博物館訪問をすれば、〝化石を古生物の遺骸とみなさなかった時代〟の人々の感覚を感じることができるでしょう。

このように、予習が博物館訪問を「もっと楽しくしてくれる」はずです。あるいは、知識をつけたあとの「再訪もドッキドキ」のはず。ぜひ、実践してみてください。

◉ **博物館を楽しむポイント**

基本編

① 予習をしていこう

② ガイドツアーに参加してみよう

③ 詳しい人と一緒に行ってみよう

応用編

④ 病理を探してみよう

⑤ 古代・中世の人々の目で見てみよう

《もっと知りたい古生物》

情報との向き合い方

一般に、情報には〝発信者の意図〟が含まれています。

仮に事実だけを述べたものであっても、「この情報は、大切だと思うから、知ってほしい」という意図がなければ、そもそも情報として発信されません。

そうして発信された情報は、引用・転用されるたびに、引用者、転用者の意図が付加されます。「大切だと思うから、少しニュアンスを強調して、紹介しよう」「大切だなんて、そんなことは思わないから批判的に、紹介しよう」といった具合です。

こうした〝意図のフィルター〟は、この本も例外ではありません。たとえば、97〜98ページにおいて、ツリモンストラムの研究例を紹介する際に、「なんとも珍妙な姿です」「おもしろい点は」といった筆者の主観を交えることで、みなさんの関心を喚《かん》起《き》する手法を採用しています。これは、「大切だと思うから、少しニュアンスを強調して、紹介しよう」という意図のひとつといえます。

もちろん、筆者としては事実を歪《ゆが》めるような引用は行っていないつもりです。しかし一般論として、情報は引用を繰り返すなかで引用者に都合の良いように〝切り取られ〟、引用者によって〝歪められる〟ことは、少なからず発生します。

そこで重要となるのが、「一次情報にあたること」です。あるいは、「一次情報へのアクセスを明示すること」です。

一次情報、すなわち、最初にその情報を発信した人が、どのような根拠に基づいて発信しているか、ということが大切です。182ページでも言及している「出典の確認」がこれにあたります。

本書に限らず、ほとんどの拙著では、誰が、いつ、その情報を発信したのかを本文で記し、そして、巻末に添えた参考文献欄でその情報の大元にアクセスできるように紹介しています。書籍や記事の〝テイスト〟（物語性を重視したり、文字数制限があったり、対象年齢が低かったりする場合）によっては、本文中で発信者に言及しない場合もありますが、それでも参考文献欄を見ることで、誰もが一次情報にアクセスできるようにしています。ですから、「土屋はちょっと大袈裟に強調しているけれど、実際にはどんなもん?」と思われた場合は、誰でも、(その資料を入手できれば)確認できます。

なお、参考文献を掲載することは、サイエンスライターとしての、筆者のポリシーでもあります。サイエンスの根幹は、「再現性」です。論文で発表された研究成果は、同じ素材、同じ手法で行えば、誰でも再現できる。これがサイエンスです。限られた人だけが得られる結果は、サイエンスではなく、「奇跡」であり、その奇跡を信じて物事を進めることは「信仰」になります。

ひとつの〝良くない例〟として、2014年に起こった「STAP細胞事件」を挙げることができます。STAP細胞は「人為的な操作によってさまざまな細胞になることができる能力を持つ多能性幹細胞」として、大きな注目を集めました。しかし、論文に記載された手法を使っても、誰も再現することができませんでした。この時点で、STAP細胞はサイエンスの結果として認められなくなり、論文には不正も確認され、撤回されることになりました。このときの記者会見で、論文を発表した研究者は、「STAP細胞はあります」との名言(迷言)を残しましたが、誰も再現できな

Column

いことを「あります」と主張して「信じてほしい」ということは、まさに「信仰」といえるでしょう。科学ではないのです。

筆者が参考文献欄の掲載を重視するのは、「こうした資料を用いれば、誰でも、同じ本を書く（再現する）ことができる」ということを示したいからです。なにしろ、サイエンスの本なので。

いずれにしろ、一次情報にあたること。これが、情報を扱う際の基本です。

おわりに

古生物に関わる30のトピックスと5つのコラム。お楽しみいただけだでしょうか？

本書を読んで、少しでも「ふむふむ」と感じていただけたのであれば、「教養としての古生物学」をテーマとしたこの企画は成功したといえるでしょう。「ほへぇ」「そうなのか」「なるほど」などと、古生物学そのものを楽しんでいただけたのであれば、大成功と言ってよいと思います。

古生物学は科学の一分野です。科学は日進月歩の勢いで発展していきます。古生物学も然《しか》り。今日の復元が明日の復元によって大きく変わり、今日の有力な仮説は、明日には否定されているかもしれません。あるいは、新発見によって、過去の仮説が再び脚光を浴びることもあります。

発見と研究にともなう試行錯誤。この試行錯誤を「楽しむ」ことも、古生物学の醍醐味だと思います。

一方で、本書の基盤に据えた考え方などの〝教養部分〟は、そう簡単には変化しないものです。ぜひ、本書から先へ、〝新たな教養〟を探してみてください。

次のステップとして、本書に掲載した博物館を訪ねることは王道です。また、関連書籍を手に取られることもおすすめします。〝教養としての古生物学〟を身につけたみなさんであれば、古生物学をより一層、楽しめるでしょう……より一層、楽しんでもらえるといいなぁ。

本書は、古生物学者の芝原暁彦さんに全編にわたってご監修いただきました。芝原さん、お忙しいなか、今回も本当にありがとうございます。

本書のイラストは、妻（土屋香）の作品です。毎度のことながら、妻には最初の原稿も読んでもらい、忌憚《きたん》のない指摘をもらっています。編集は平瀬さん。立夏堂の書籍第一弾として本書を上梓できますことをうれしく思います。

最後になりましたが、ここまで読んでいただいたあなたに大きな感謝を。本書で、古生物と古生物学が、少しでもあなたにとって身近な存在となれば、幸いです。

2024年霜月　土屋 健

もっと詳しく知りたい読者のための参考資料

本書を執筆するにあたり、とくに参考にした主要な文献は次の通りです。

本書に登場する年代値は、とくに断りのない限り、International Commission on Stratigraphy '2024/12' INTERNATIONAL CHRONOSTRATIGTAPHIC CHART を使用しています。

なお、本文中で紹介されている論文等の執筆者の所属は、とくに言及がない限り、その論文の発表時点のものであり、必ずしも現在の所属ではない点にご注意ください。

《一般書籍》

『アノマロカリス解体新書』監修：田中源吾／著：土屋 健／絵：かわさきしゅんいち　2020年刊行、ブックマン社
『生きている化石図鑑』監修：芝原暁彦／著：土屋 健／絵：ACTOW　2021年刊行、笠倉出版社
『岩波生物学辞典 第5版』編：巌佐 庸、倉谷 滋、斎藤成也、塚谷裕一　2013年刊行、岩波書店
『エディアカラ紀・カンブリア紀の生物』監修：群馬県立自然史博物館／著：土屋 健　2013年刊行、技術評論社
『怪異古生物考』監修：荻野慎諧／著：土屋 健／イラスト：久正人　2018年刊行、技術評論社
『化石になりたい』監修：前田晴良／著：土屋 健　2018年刊行、技術評論社
『化石の探偵術』監修：ロバート・ジェンキンズ／著：土屋 健／イラスト：ツク之助　2020年刊行、ワニブックス
『恐竜学入門』著：David E. Fastovsky, David B. Weishampel　2015年刊行、東京化学同人
『恐竜・古生物に聞く 第6の大絶滅、君たち（人類）はどう生きる？』監修：芝原暁彦／著：土屋 健／絵：ツク之助　2021年刊行、イースト・プレス
『恐竜大絶滅（仮題）』監修：後藤和久、小林快次、高桒祐司、相場大佑、冨田武照、田中公教、木村由莉／著：土屋 健／イラスト：かわさきしゅんいち　2025年刊行予定、中央公論新社
『古生物学事典 第2版』編集：日本古生物学会　2010年刊行、朝倉書店
『古生物水族館のつくり方』監修：伊東隆臣、古生物水族館研究者チーム／著：土屋 健／絵：ツク之助　2023年刊行、技術評論社
『古生物のカルテ　～古病理で楽しむ化石の世界～』監修：林昭次、唐沢與希、田中源吾、冨田武照／著：土屋 健　2025年刊行予定、イラスト：ツク之助、技術評論社
『こっそり楽しむうんこ化石の世界』監修：ロバート・ジェンキンズ／著：土屋 健／絵：かわさきしゅんいち　2022年刊行、技術評論社
『サピエンス前史』監修：木村由莉／著：土屋 健　2024年刊行、講談社
『ジュラ紀の生物』監修：群馬県立自然史博物館／著：土屋 健　2015年刊行、技術評論社
『新版図説種の起源』著：チャールズ・ダーウィン　1997年刊行、東京書籍

『生命の大進化40億年史 新生代編』監修：群馬県立自然史博物館／著：土屋 健　２０２３年刊行、講談社
『石炭紀・ペルム紀の生物』監修：群馬県立自然史博物館／著：土屋 健　２０１４年刊行、技術評論社
『前恐竜時代』監修：佐野市葛生化石館／著：土屋 健／絵：かわさきしゅんいち　２０２２年刊行、ブックマン社
『地球生命 空の興亡史（仮題）』監修：群馬県立自然史博物館、田中公教、木村由莉／著：土屋 健／イラスト：かわさきしゅんいち　２０２５年刊行予定、技術評論社
『地球生命 水際の興亡史』監修：松本涼子、小林快次、田中嘉寛／著：土屋 健／イラスト：かわさきしゅんいち　２０２１年刊行、技術評論社
『バージェス頁岩化石図譜』著：Derek E. G. Briggs, Douglas H. Erwin, Fredrick J. Collier ／写真：Chip Clark　２００３年刊行、朝倉書店
『歩行するクジラ』著：J. G. M. シューウィセン　２０１８年刊行、東海大学出版部
『も〜っと！　恐竜・古生物ビフォーアフター』監修：群馬県立自然史博物館／著：土屋 健／絵：ツク之助　２０２３年刊行、イースト・プレス
『Taphonomy: A Process Approach』著：Ronald E. Martin　１９９９年刊行、Cambridge University Press
『The Princeton Field Guide to Dinosaurs, 3rd Edition』著：Gregory S. Paul　２０２４刊行、Princeton Univercity Press
Press

《プレスリリース》
小惑星衝突の「場所」が恐竜などの大量絶滅を招く　２０１７年11月9日、東北大学
謎の古生物「タリーモンスター」、３D形態解析で脊椎動物説に反証　２０２３年４月17日、東京大学

《雑誌記事》
『モンスターの正体?』著：土屋 健、ジオルジュ　２０２４年前期号、P10―12、日本地質学会

《企画展図録》
『太古の哺乳類展』２０１４年、国立科学博物館

《Web サイト》
外務省　https://www.mofa.go.jp/
貸切バスの達人　https://www.bus-trip.jp/
国土交通省　https://www.mlit.go.jp/
東京ズーネット　https://www.tokyo-zoo.net/
ＳＴＡＰ細胞事件とは?: STAP 細胞の概要と事件の詳細について徹底解説！　２０２２年９月17日、国際幹細胞普及機構　https://stemcells.or.jp/stap-cell/

《学術論文》

Charles R. Marshall, 2023, Forty years later: The status of the "Big Five" mass extinctions, Cambridge Prisms: Extinction, 1, e5, p1–13

Christopher R. Scotese, Haijun Song, Benjamin J.W. Mills, Douwe G. van der Meer, 2021, Phanerozoic paleotemperatures: The earth's changing climate during the last 540 million years, Earth-Science Reviews, vol.215, 103503

David W.E. Hone, Thomas R. Holtz, Jr. 2021, Evaluating the ecology of Spinosaurus: Shoreline generalist or aquatic pursuit specialist? Palaeontologia Electronica, 24(1):a03

Donald M. Henderson, 2018, A buoyancy, balance and stability challenge to the hypothesis of a semi-aquatic *Spinosaurus* Stromer, 1915 (Dinosauria: Theropoda), PeerJ, 6, e5409

Gregory S. Paul, 2022, Observations on paleospecies determination, with additional data on *Tyrannosaurus* including its highly divergent species specific supraorbital display ornaments that give *T. rex* a new and unique life appearance, BioRxiv, DOI: 10.1101/2022.08.02.502517

Gregory S. Paul, W. Scott Persons IV, Jay Van Raalte, 2022, The tyrant lizard king, queen and emperor: multiple lines of morphological and stratigraphic evidence support subtle evolution and probable speciation within the North American genus *Tyrannosaurus*, Evolutionary Biology, DOI: 10.1007/s11692-022-09561-5

Karen Chin, Timothy T. Tokaryk, Gregory M. Erickson, Lewis C. Calk, 1998, A king-sized theropod coprolite, Nature, vol.393, p680-682

Kunio Kaiho, Naga Oshima, 2017, Site of asteroid impact changed the history of life on Earth: the low probability of mass extinction, Scientific Reports, vol.7, 14855

Lauren Sallan, Sam Giles, Robert S. Sansom, John T. Clarke, Zerina Johanson, Ivan J. Sansom, Philippe Janvier, 2017, The 'Tully monster' is not a vertebrate: characters, convergence and taphonomy in Palaeozoic problematic animals, Palaeontology, vol.60, p149-157

Mathias M. Pires, Brian D. Rankin, Daniele Silvestro, Tiago B. Quental, 2018, Diversification dynamics of mammalian clades during the K–Pg mass extinction, Biol. Lett. 14:20180458

Nizar Ibrahim, Paul C. Sereno, Cristiano Dal Sasso, Simone Maganuco, Matteo Fabbri, David M. Martill, Samir Zouhri, Nathan Myhrvold, Dawid A. Iurino, 2014, Semiaquatic adaptations in a giant predatory dinosaur, Science, vol.345, p1613–1616

Nizar Ibrahim, Simone Maganuco, Cristiano Dal Sasso, Matteo Fabbri, Marco Auditore, Gabriele Bindellini, David M. Martill, Samir Zouhri, Diego A. Mattarelli, David M. Unwin, Jasmina Wiemann, Davide Bonadonna, Ayoub Amane, Juliana Jakubczak, Ulrich Joger, George V. Lauder, Stephanie E. Pierce, 2020, Tail-propelled aquatic locomotion in a theropod dinosaur, Nature, vol.581, p67-70

Paul C. Sereno, Nathan Myhrvold, Donald M. Henderson, Frank E. Fish, Daniel Vidal, Stephanie L. Baumgart, Tyler M. Keillor, Kiersten K.

Formoso, Lauren L. Conroy, 2022, *Spinosaurus* is not an aquatic dinosaur, eLife, DOI: 10.1101/2022.05.25.493395

Peter Schulte, Laia Alegret, Ignacio Arenillas, José A. Arz, Penny J. Barton, Paul R. Bown, Timothy J. Bralower, Gail L. Christeson, Philippe Claeys, Charles S. Cockell, Gareth S. Collins, Alexander Deutsch, Tamara J. Goldin, Kazuhisa Goto, José M. Grajales-Nishimura, Richard A. F. Grieve, Sean P. S. Gulick, Kirk R. Johnson, Wolfgang Kiessling, Christian Koeberl, David A. Kring, Kenneth G. MacLeod, Takafumi Matsui, Jay Melosh, Alessandro Montanari, Joanna V. Morgan, Clive R. Neal, Douglas J. Nichols, Richard D. Norris, Elisabetta Pierazzo, Greg Ravizza, Mario Rebolledo-Vieyra, Wolf Uwe Reimold, Eric Robin, Tobias Salge, Robert P. Speijer, Arthur R. Sweet, Jaime Urrutia-Fucugauchi, Vivi Vajda, Michael T. Whalen, Pi S. Willumsen, 2010, The Chicxulub asteroid impact and mass extinction at the Cretaceous-Paleogene boundary, Science, vol.327, p1214–1218

Phillip L. Manning, Nicholas P. Edwards, Roy A. Wogelius, Uwe Bergmann, Holly E. Barden, Peter L. Larson, Daniela Schwarz-Wings, Victoria M. Egerton, Dimosthenis Sokaras, Roberto A. Mori, William I. Sellers, 2013, Synchrotron-based chemical imaging reveals plumage patterns in a 150 million year old early bird, Journal of Analytical Atomic Spectrometry, vol.28, p1024-1030

Ryan M. Carney, Jakob Vinther, Matthew D. Shawkey, Liliana D'Alba, Jörg *Ackermann*, 2012, New evidence on the colour and nature of the isolated Archaeopteryx feather, Nature Communications, 3:637

Sebastian G. Dalman, Mark A. Loewen, R. Alexander Pyron, Steven E. Jasinski, D. Edward Malinzak, Spencer G. Lucas, Anthony R. Fiorillo, Philip J. Currie, Nicholas R. Longrich, 2024, A giant tyrannosaur from the Campanian–Maastrichtian of southern North America and the evolution of tyrannosaurid gigantism, Scientific Reports, 14, 22124

Thomas D. Carr, James G. Napoli, Stephen L. Brusatte, Thomas R. Holtz Jr., David W. E. Hone, Thomas E. Williamson, Lindsay E. Zanno, 2022, Insufficient evidence for multiple species of *Tyrannosaurus* in the latest Cretaceous of North America: A comment on "The tyrant lizard king, queen and emperor: Multiple lines of morphological and stratigraphic evidence support subtle evolution and probable speciation within the North American genus *Tyrannosaurus*", Evolutionary Biology, DOI: 10.1007/s11692-022-09573-1

Tomoyuki Mikami, Takafumi Ikeda, Yusuke Muramiya, Tatsuya Hirasawa, Wataru Iwasaki, 2023, Three-dimensional anatomy of the Tully monster casts doubt on its presumed vertebrate affinities, Palaeontology, vol.66, e12646

Victoria E. McCoy, Erin E. Saupe, James C. Lamsdell, Lidya G. Tarhan, Sean McMahon, Scott Lidgard, Paul Mayer, Christopher D. Whalen, Carmen Soriano, Lydia Finney, Stefan Vogt, Elizabeth G. Clark, Ross P. Anderson, Holger Petermann, Emma R. Locatelli, Derek E. G. Briggs, 2016, The 'Tully monster' is a vertebrate, Nature, vol.532, p496–499

Victoria E. McCoy, Jasmina Wiemann, James C. Lamsdell, Christopher D. Whalen, Scott Lidgard, Paul Mayer, Holger Petermann, Derek E. G. Briggs, 2020, Chemical signatures of soft tissues distinguish between vertebrates and invertebrates from the Carboniferous Mazon Creek Lagerstätte of Illinois, Geobiology, vol.18, p560–565

【著者】
土屋 健（つちや・けん）
オフィス ジオパレオント代表。サイエンスライター。日本古生物学会会員、日本地質学会会員、日本文藝家協会会員。
埼玉県生まれ。金沢大学大学院自然科学研究科で修士号を取得（専門は地質学、古生物学）。科学雑誌『Newton』の編集記者、部長代理を経て2012 年に独立・現職。2019 年、サイエンスライターとして史上はじめて日本古生物学会貢献賞を受賞。近著に『古生物水族館のつくり方』『古生物動物園のつくり方』（ともに技術評論社）『サピエンス前史』（講談社）など、著書多数。

【監修者】

芝原暁彦（しばはら・あきひこ）

古生物学者、博士（理学）。福井県生まれ。筑波大学大学院で博士号を取得（専門は微化石学、古環境学）。

その後、つくば市の産業技術総合研究所（産総研）で化石標本の３Ｄ計測やVR 展示などの研究開発を行った。

2016 年に産総研発ベンチャー「地球科学可視化技術研究所」を設立し所長に就任。また、東京地学協会、日本地図学会の各委員を務める。主な著書に、『おせっかいな化石案内』（誠文堂新光社）、『恐竜と化石が教えてくれる世界の成り立ち』（実業之日本社）ほか多数。

基本《きほん》から「なぜ?」まですっきり理解《りかい》できる
古生物超入門《こせいぶつちょうにゅうもん》

2025年3月20日 初版発行

著者 土屋《つちや》 健《けん》
監修者 芝原暁彦《しばはらあきひこ》
発行者 尾口佳奈
発行所 立夏堂合同会社
〒213-0033 神奈川県川崎市高津区下作延6-8-30
contact@rikkado-books.com
https://rikkado-books.com

イラスト 土屋 香
デザイン 中島 浩
編集 平瀬 淳

印刷・製本 モリモト印刷株式会社

造本には十分注意しておりますが、万一落丁、乱丁等がございましたらお知らせください。
ISBN978-4-911410-00-4 C0045
Printed in Japan
rkd01